主编 李天纲

中国国家图书馆藏

民国西学要籍汉译文献·心理学（第二辑）

儿童人格之培养

［美］迈尔士（G.C.Myers）著 谭文山 译

上海社会科学院出版社
Shanghai Academy of Social Sciences Press

图书在版编目（CIP）数据

儿童人格之培养/李天纲主编．—上海：上海社会科学院出版社，2017

（民国西学要籍汉译文献．心理学）

ISBN 978-7-5520-1828-8

Ⅰ．①儿… Ⅱ．①李… Ⅲ．①儿童心理学－研究 Ⅳ．①B844.1

中国版本图书馆CIP数据核字(2017)第032094号

儿童人格之培养

主　　编：李天纲
编　　纂：赵　炬
责任编辑：唐云松
特约编辑：陈宁宁
封面设计：清　风
策　　划：赵　炬
执　　行：取映文化
加工整理：嘎　拉　江　岩　牵　牛　莉　娜
责任校对：笑　然
出版发行：上海社会科学院出版社
上海顺昌路622号　邮编200025
电话总机021-63315900　销售热线021-53063735
http://www.sassp.org.cn　E-mail:sassp@sass.org.cn
排　　版：上海三联读者服务合作公司
印　　刷：常熟市人民印刷有限公司
开　　本：650×900毫米　1/16开
印　　张：17.5
字　　数：240千字
版　　次：2017年4月第1版　　2017年4月第1次印刷

ISBN 978-7-5520-1828-8/B.203　　定价：90.00元（精装）

民国西学：中国的百年翻译运动

——『民国西学要籍汉译文献』序

李天纲

继唐代翻译印度佛经之后，二十世纪是中文翻译历史上的第二个高潮时期。来自欧美的『西学』，以巨大的规模涌入中国，参与改变了一个民族的思维方式，这在人类文明史上也是罕见的。域外知识大规模地输入本土，与当地文化交换信息，激发思想，乃至产生新的理论，全球范围也仅仅发生过有数的那么几次。除了唐代中原人用汉语翻译印度思想之外，公元九、十世纪阿拉伯人翻译希腊文化，有一场著名的『百年翻译运动』之外，还有欧洲十四、十五世纪从阿拉伯、希腊、希伯来等『东方』民族的典籍中翻译古代文献，汇入欧洲文化，史称『文艺复兴』。中国知识分子在二十世纪大量翻译欧美『西学』，可以和以上的几次翻译运动相比拟，称之为『中国的百年翻译运动』、『中国的文艺复兴』并不过分。

运动似乎是突如其来，其实早有前奏。梁启超（1873–1929）在《清代学术概论》中说：『自明末徐光启、李之藻等广译算学、天文、水利诸书，为欧籍入中国之始。』利玛窦（Mateo Ricci, 1552–1610）、徐光启、李之藻等人发动的明末清初天主教翻译运动，比清末的『西学』早了二百多年。梁启超有所不知的是：利、徐、李等人不但翻译了天文、历算等『科学』著作，还翻译了诸如亚里士多德《论灵魂》（《灵言蠡勺》）、《形而上学》（《名理探》）等神学、哲学著作。梁启超称明末翻译为『西学东渐』之始是对的，但他说其『范围亦限于天（文）、（历）算』，则误导了他的学生们一百年，直到今天。

从明末到清末的『西学』翻译只是开始，而且断断续续，并不连贯成为一场『运动』。各种原因导致了『西学』的挫折：被明清易代的战火打断；受清初『中国礼仪之争』的影响；欧洲在1773年禁止了耶稣会士的传教活动，以及儒家保守主义思潮在清代的兴起。鸦片战争以后很久，再次翻译『西学』，仍然只在上海和江南地区。从翻译规模来看，以上海为中心的翻译人才、出版机构和发行组织都比明末强大了，影响力却仍然有限。梁启超说：『惟（上海江南）制造局中尚译有科学书二三十种，李善兰、华蘅芳、赵仲涵等任笔受。其人皆学有根底，对于所译之书责任心与兴味皆极浓重，故其成绩略可比明之徐、李。』梁启超对清末翻译的规模估计还是不足，但说『戊戌变法』之前的『西学』翻译只在上海、香港、澳门等地零散从事，影响范围并不及于内地，则是事实。

对明末和清末的『西学』做了简短的回顾之后，我们可以有把握地说：二十世纪的中文翻译，或曰中华民国时期的『西学』，才是称得上有规模的『翻译运动』。也正是在二十世纪的一百年中，数以千计的『汉译名著』成为中国知识分子的必读教材。1905年，清朝废除了科举制，新式高等教育以新建『大学堂』的方式举行，而不是原来尝试的利用『书院』系统改造而成。新建的大学、中学，数理化、文史哲、政经法等等学科，都采用了翻译作品，甚至还有西文原版教材，于是，中国读书人的思想中又多了一种新的标杆，即在『四书五经』之外，还必须要参考一下来自欧美的『西方经典』，甚至到了『言必称希腊、罗马』的程度。

我们在这里说『民国西学』，它的规模超过明末、清末；它的影响遍及沿海、内地；它借助二十世纪的新式教育制度，渗透到中国人的知识体系、价值观念和行为方式中，这些结论虽然都还需要论证，但从一般直觉来看，是可以成立的。中国二十世纪的启蒙运动，以及『现代化』、『世俗化』、『理性化』，都与『民国西学』的翻译介绍直接有关。然而，『民国西学』到底是一个多大的规模？它是一我们并没有一个清晰的认识。还有，哪些著作得到了翻译，哪些译者的影响最大？『西学东渐』的代表，明末有徐光启，清末有严复，那『民国西学』的代表作在哪里？这一系列问题我们并不能明确地回答，原因就在我们对民国翻译出版的西学著作并无一个全程的了解，民国翻译的那些哲学、社会科学、人文学科的『西学』著作，束之高阁，已经好多年。

举例来说，1935年，上海生活书店编辑《全国总书目》，『网罗全国新书店、学术机关、文化团体、图书馆、政府机关、研究学会以及个人私家之出版物约二万种』。就是用这二万种新版图书，生活书店编制了一套全新分类，分为：『总类、哲学、社会科学、宗教、自然科学、文艺、语文学、史地、技术知识』。一瞥之下，这个图书分类法比今天的『人大图书分类法』更仔细，因为翻译介绍的思潮、学说、学科、流派更庞大。尽管并没有统一的『社科规划』和『文化战略』，『民国西学』却在『中国的文艺复兴』运动推动下得到了长足发展。查看《全国总书目》（上海，生活书店，1935），在『社会科学·社会科学一般·社会主义』的子目录下，列有『社会主义概论、社会主义史、科学的社会主义、无政府主义、基尔特社会主义、乌托邦社会主义、基督教社会主义、议会派社会主义』等；在『社会科学·政治·政体政制』的子目录下，列有『政治制度概论、政治制度史、宪政、民主制、独裁制、联邦制、各种政制评述、各国政制、中国政制、现代政制、中国政制史』等，翻译、研究和出版，真的是与欧美接棒，与世界同步。1911年以后的38年的『民国西学』为二十世纪中国学术打下了扎实的基础，而我们却长期忽视，不作接续。

编辑出版一套『民国西学要籍汉译文献』，把中华民国在大陆38年期间翻译的社会科学和人文学科著作重新刊印，对于我们估计、认识和研究『中国的百年翻译运动』、『中国的文艺复兴』，接续当时学统，无疑是有着重要的意义。1980 年代初，上海、北京的学术界以朱维铮、庞朴先生为代表，编辑『中国文化史丛书』，一个宗旨便是要接续 1930 年代商务印书馆王云五主编『中国文化史丛书』，重振旗鼓，『整理国故』，先是恢复，然后才谈得上去超越。遗憾的是，最近三十年的『西学』研究却似乎没有采取『接续』民国传统的方法来做，我们急急乎又引进了许多新理论，诸如控制论、信息论、系统论……还有『老三论』、『新三论』、『后现代』、『后殖民』等等新理论，对『民国西学』弃之如敝屣，避之唯恐不及。

民国时期确实没有突出的翻译人物，我们是指像严复那样的学者，单靠『严译八种』的稿酬就能成为商务印书馆大股东，还受邀请担任多间大学的校长，几份报刊的主笔。但是，像王造时（1903–1971）先生那样在『西学』翻译领域做出重要贡献，然后借此『西学』，主编报刊、杂志，在『反独裁』、『争民主』和『抗战救国』等舆论中取得重大影响的人物也不在少数。王造时的翻译作品有黑格尔的《历史哲学》、摩瓦特的《近代欧洲外交史》、《现代欧洲外交史》、拉铁耐的《美国外交政策史》、拉斯基的《国家的理论与实际》、《民主政治在危机中》。1931 年，王先生曾担任光华大学教授，文学院长，政治系主任，后来创办了《主张与批评》（1932）、《自由言论》（1933），组织『中国民权保障同盟』（1932）。他在上海舆论界发表宪政、法治、理性的自由主义；他在大学课堂上讲授的则是英国费边社社会主义、工联主义和公有化理论（见王造时著《荒谬集·我们的根本主张》1935，上海，自由言论社）。非常可惜的是，王造时先生这样复杂、混合而理想主义的政治学理论和实践，在最近三十年的社会科学、人文学科中并无讨论，原因显然是与大家不读，读不到，没有再版其作品有关。

我们说，『民国西学』本来是一个相当完备的知识体系，在经历了一个巨大的『断裂』之后，学者并没有好好地反省一下，哪些可以继承和发展，哪些应该批判和扬弃。民国时期好多重要的翻译著作，我们都没有再去翻看，认真比较，仔细理解。『改革、开放』以后，又一次『西学东渐』，大家只是急着去寻找更加新颖的『西学』，用新的取代旧的，从尼采、弗洛伊德……到福柯、德里达……就如同东北谚语讽刺的那样：『熊瞎子掰包谷，掰一个丢一个。』中国学者在『西学』武库中寻找更新式的装备，在层出不穷的『西学』面前特别害怕落伍。这种心态里有一个幻觉：更新的理论，意味着更确定的真理，因而也能更有效地在中国使用，或者借用，来解决中国的问题。这种实用主义的『西学观』，其实是一种懒惰、被动和浮躁的短视见解，不能积累起一个稍微深厚一点的现代文化。

讨论二十世纪的『西学』，一般是以五四『新青年』来代表，这其实相当偏颇。胡适、陈独秀等人固然在介绍和推广『西学』，倡导『启蒙』时居功至伟，但是『新文化运动』造成不断求新的风气，也使得这一派的『西学』浅尝辄止，比较肤浅，有些做法甚至不能代表『民国西学』。胡适先生回忆他们举办的《新青年》杂志，有一个宗旨是要『输入学理』，即翻译介绍欧洲的社会科学、人文学科知识，他还大致理了一个系统，说『我们的《新青年》杂志，便曾经发行过一期「易卜生专号」，专门介绍这位挪威大戏剧家易卜生，在这期上我写了首篇专论叫《易卜生主义》。《新青年》也曾出过一期「马克思专号」。另一个《新教育月刊》也曾出过一期「杜威专号」。至于对无政府主义、社会主义、共产主义、日耳曼意识形态、盎格鲁·萨克逊思想体系和法兰西哲学等等的输入，也就习以为常了。』（唐德刚编译：《胡适口述自传》，北京，华文出版社，1992年，第191页）。胡适晚年清理的这个翻译目录，就是那一代青年不断寻找『真理』的轨迹。三四十年间，他们从一般的人性论学说，到无政府主义、社会主义、马克思主义；从不列颠宪政学说，到法兰西暴力革命理论、德意志国家主义思想，再到英格兰自由主义主张，大致就是『输入学理』运动中的全部『西学』。

胡适一语道破地说：『这些新观念、新理论之输入，基本上为的是帮助解决我们今日所面临的实际问题。」胡适并不认为这种『活学活用』、『急用先学』的做法有什么不妥。相反，二十世纪中国知识分子接受『西学』的方法论，大多认为翻译为了『救国』，如同进口最新版本的克虏伯大炮能打胜仗，这就是『天经地义』。今天看来，这其实是一种庸俗意义的『实用主义』，是生吞活剥，不加消化，头痛医头，脚痛医脚的简单思维，或曰：是『夺他人之酒杯，浇自己之块垒』。从我们收集整理『民国西学要籍汉译文献』的情况来看，『民国西学』是一个比北大『启蒙西学』更加完整的知识体系。换句话说，我们认为『五四运动』及其启蒙大众的『西学』并不能够代表二十世纪中国西学翻译运动的全部面貌，在北大的『启蒙西学』之外，还有上海出版界翻译介绍的『民国西学』。或许我们应该把『启蒙西学』纳入『民国西学』体系，『中国的百年翻译运动』才能得到更好的理解。

我们认为：中国二十世纪的西学翻译运动，为汉语世界增加了巨量的知识内容，引进了不同的思维方式，激发了更大的想象空间，这种跨文化交流引起的触动作用才是最为重要的。二十世纪的中国文化变得不古不今，不中不西，并非简单的外来『冲击』所致，而是由形形色色的不同因素综合而成。外来思想中包含的进步观点、立场、方案、主张、主义……具有普世主义的参考价值，但都要在理解、消化、吸收后才能成为汉语语境的一部分，才会有更好的发挥。在这一方面，明末徐光启有一个口号可以参考，那便是『欲求超胜，必须会通；会通之前，必先翻译』。反过来说，『翻译』的目的，是为了中西文化之间的融会贯通，而非搬用；『会通』的目的，不是为了把新旧思想调和成良莠不分，而是一种创新——『超胜』出一种属于全人类的新文明。二十世纪的『民国西学』，是人类新文明的一个环节，值得我们捡起来，重头到底地细细阅读，好好思考。上海社会科学院出版社邀我主编『民国西学要籍汉译文献』，献弁言于此，是为序。

2016年3月20日，于阳光新景寓所

[美] 邁爾士（G.C.Myers）著 譚文山 譯

兒童人格之培養

中華民國三十三年十一月初版

原序

世上有沒有人爲教養兒童而不到處探求關於改進兒童人格的方法呢？請細聽那討論日常問題的父母和教師底談話，馬上便可看出他們總是被兒童個人的種種特性所煩惱，習能的訓練，和人格的訓練比較起來乃居於次要的地位。凡參加過父母和教師會議的人，沒有不聽見他們討論到消除兒童人格上要不得的特性，而培養其可愛的特性的。對於討論這種問題，無論貢獻任何意見，都必受一般在家庭裏、學校中、或社會上從事兒童教育的人們熱烈的歡迎。所以我敢斷言，邁爾士教授這本書將爲一般父母、教師、監護人和社會工作者熱烈地傳誦。

讀者只要把本書打開，向前讀去，他底人格的觀念，便會擴大起來，因本書著者對於人格問題，比一般人及大多數的教師和父母還格外了解，並格外看得重要些。邁爾士教授把兒童底各種特性，都包括在人格裏面，除了嚴格的習能過程之外；一個人對待別人的種種態度，對自己的情感對所處情境的反應，所說所做的事情，所觀察的方法，所有的姿態，以及不知不覺的習氣——這些都是他人格的要素，而爲討論如何改進人格時所必須注意的。實際上一切影響兒童的東西，同時也能有益或有害於他底人格。他往往對於別人在他跟前所說的話；或所做的事顯明地發生感應或內心發生感應，雖然那些話或那些事並不是特別為他而發的。又他往往從他身邊的人們——同伴、家中來客、哥哥、姐姐、尤其是父母、教師和監護人——底聲調、外貌、主張、行動，可以得到他的暗示。據邁爾士教授底意見，兒童或青年在社會情境中決不會取中性的態度的；他們常常受社會環境的一方面或他方面的影響。因此，凡訓練兒童的人們底言行，或對訓練兒童只取旁觀態度的人們底言行，在訓練的時候，於形成兒童底人格，都有重大的影響。

我們大多數人，推進兒童教育都抱有偏見，似乎只將自己顯然為影響兒童而從事的工作，才認為對於他們底發展是重要的。邁爾士教授在本書中，對於此點，卻獨具卓見，與別人不同。他極力想使一般培養兒童人格的人們知道兒童雖然常對他所發生的事情，不負責任，但事實上，他卻用各種方法去反應，當他反應的次數漸多，便愈現勇敢，或愈現膽怯，愈現恭敬，或愈現無禮，愈知道感激別人為他增進幸福的努力，或愈對別人底好意表示冷淡的態度……等。父母、教師以及監護人往往對於兒童內心反應的表露漠不關心，殊不知這種反應正是造成兒童對待和他接觸的人們所採取的態度。邁爾士教授在本書的字裏行間，時時教我們這般和兒童接觸的人們，知道我們一言一動，都必須小心，甚至聲調、姿態和面部表情都要謹慎。他底目的並不是要給那般以嚴厲態度教養兒童的人們當頭一棒，不過是要使教養兒童的人們注意兒童對於周圍發生的事情（甚至與他們幸福只有很少關係的事情）所生的感覺。

讀者披閱本書，必會深受感動，而且會發現邁爾士教授所論兒童安適之感的重要——這一點，是大半爲我們教養兒女的人們所不注意的；因爲我們常常以爲兒童不會很靈敏地發覺那些傷害他們個性的事情。一個典型的父親，甚至一個典型的教師，一點也不知道兒童對於社交的安適——在與他有關係的人們當中感到安適」的敏感性。如果一個讀到這裏的讀者到街上去問他所遇到的行人，卽兒童或青年對於他們在團體中的社交地位是否很關心或很煩惱，恐怕一百個行人當中便有九十五個用漫不經心的口吻答道「唔，自然他們不關心」。無論是誰，仔細讀了本書所論兒童安適的幾章之後，也許會改變他對兒童在社交情境中的安適之感所持的見解。兒童極易感覺任何人把他當作團體中一分子看待因而給予他的批評或尊重。因此，邁爾士教授向父母、教師與監護人再三地請求他們小心點，不要傷害兒童在社交情境中的安適之感，並鼓勵他們培養兒童社交的勇氣，以使其人格不致受自卑的恐懼或任何社交的恐懼所傷害。生理的缺陷，也許對兒童人格是有傷害的，不過不如社交的恐懼來得厲害。妥當地說一句，邁爾士教授此種見解，對於大多數負有教養兒童和青年責任的人們，可以說完全是一種創開。

本書作者一方面身任教授，在大學裏教導一般做了父母的大學生，一方面又在社會上指導一般做父母的人們。他許多年來，筆頭非常活躍，常寫一些文章討論成人應如何對待兒童，以及訓練兒童人格品性、生理和心理的發展所用各種方法的效果。這些年來，一般父母、教師和監護人，都供給他許多具體的問題作參考。他又對那般教養兒童而發生疑難的成人，無論在家中、學校裏、或別的地方，都樂於給他們指導。他認爲指導他們必須用簡單樸實或平易淺顯的名詞，才能使他們容易了解，故本書的筆調，確實是從當時在辦公室內，別人向他請教時，所記下的說話資料——文句不拘形式，不求外觀漂亮，而能比喻豐富，有時且生動如繪，並常常是很有力的。如果他打算把此書寫成給心理學者批評，那他底造句、解釋和語態，一定與本書現在所用的完全不同。當他準備寫此書時，他心中始終存着一種觀念——以為使教養子女而遇到具體問題的人們了解兒童和青年底幾種基本特性及需要，並激動他們去解決這些具體問題，乃是他底職責。假若一個博學的心理學者或一個兒童教師，讀了這本書，他應當時時記着它是為誰而寫的，然後他才了解作者是應該對於某些事情，不惜筆墨，反覆解釋，尤其是向一般教養子女的人們警告，要他們不可用粗暴的態度對待聰明的兒童，不可傷害兒童，尤其不可驚嚇兒童或引起兒童在任何情境之中發生自卑之感

俄希亞（M. V. O'Shea）序於威斯康辛大學

譯者序

本書著者邁爾士教授，是美國著名的兒童教育學家。他本許多年的教學經驗，寫成兩部可愛的書籍：一是現代父母（The Modern Parent）——商務印書館有章衣萍秦仲實兩先生底譯本，名怎樣做父母——，一是兒童人格之培養。它們堪稱姊妹篇。後者雖說是一本教育理論的著述，但它並不像通常一般教育理論書籍的抽象空泛和枯索，因為著者深知討論兒童教育，不是一件紙上談兵的事情，而且為的使一般讀者易於了解起見，故他每當討論一件事情或研究一個問題的時候，總要用平易簡潔的文筆，寫出一些生動有趣的實際經驗來作例證，使讀者看了只覺津津有味，而毫無枯索之感。至於講到本書底特點，俄希亞（O'Shea）教授在他底序文中已經說得很明白，讀者可以參看。

譯者譯述此書，是用的直譯法，就自己力量所及，務求忠於原文，將作者本意顯達出來；不過偶爾遇到原文中有些言外之意的地方，則刪或採取意譯，總之以不失原書精義為主。

我要感謝陸師步青，因為他介紹這書給我翻譯，並細心地為我匡正譯文，又徐升甫兄替我校訂原稿和蔣石洲兄給我許多指示，亦一併在此誌謝。

鄔文山

目次

第一章　人格與生理的因素

假若其它一切的條件均等，那麽一個生理和心理健全的兒童便具有較好的人格，依照白宮會議（White House Conference）研究的結果，每十個兒童當中，祇有七個是常態的，其餘三個都有某種生理上的缺陷。

雖然我們不知道一般聾了耳朵或瞎了眼睛的兒童在精神上所感受的痛苦，但我們總承認他們人格上是有了障礙。不過對於那般視覺和聽覺只有一點毛病的兒童，我們卻往往容易把他們忽視了。

近視眼的兒童

近視眼的兒童常是膽怯的，他們不願參加團體活動，他們喜歡和人爭論。平常在遊戲場中格鬥，他們總是要吃虧的。他們底對手攻打他們，不等到他們反攻便已跑走了。所以他們很容易受強暴兒童底欺凌。他們因爲吃了虧空發脾氣，便容易做出種種幼稚的行爲；又因爲恐懼，還會自己暴躁起來。在團體比賽或技巧的遊戲中，他們受了生理上重大的障礙，不能與其他兒童盡量地競爭，因爲不能和他們年齡相等的兒童競爭，便常然知難而退；以爲自己能力不及別人，只好孤單單地不與別人往來，或去尋找年幼較弱和年長較強的兒童做朋友。在同樣情形之下，一般聽覺困難的兒童也會遭遇障礙。

患結核病和心臟病的兒童

患結核病的兒童，心臟受傷的兒童，營養不良的兒童，以及任何生理變態的兒童，在人格上都有各種的障礙。患結核病的兒童雖然也能做事，但他們工作易感疲倦，而且成績還不如人。此外他們又容易生病，足以減少他們底活動，限制他們應有的社交。

凡心臟受傷的兒童，不應當去參加種種吃力的活動。他們底父母和監護人既而曉得他們生理上的情形，自然就要拿他們底缺陷來提醒他們，因而使他們知道自身對於某些事情不能適應，而常常感到能力不如別人。這些兒童因受了父母過分的保護和過分的掛慮，大都有了依賴性，自願過依賴的生活。如果他們自己故意裝病偷懶，那末他們底同伴便要注意他們，非難他們，譏笑他們，不睬他們。

營養不良的兒童

營養不足的兒童——通常總是體重不夠和身軀太小——往往和他們底同伴競爭起來，不能勢均力敵生理上的恐怖必隨之而起，使他們避免和別人衝突，或做個暴漢，暗中攻打敵手，以作報復，當他們和同伴稍有爭吵時，他們底父母往往庇護他們，而他們也會投到父母跟前求保護，向父母嘰哩咕嚕地說許多怨恨同伴的話。像這類兒童往往是左右鄰近和學校遊戲場的兒童裏面的「討厭的傢伙」。別的兒童稱他們做「好哭貨」、「媽媽底孩子」、「女性的孩子」。此種不好的稱呼，易使他們聽了難受，反足以養成他們底許多令人生厭的特性。如果他們是聰明的，就不和別的兒童在一起玩，而去利用幻想，或別的獨創的方法來滿足自己的欲望。通常年長的兒童，把讀書當作一種快樂。他們讀書的技巧和才能愈高，則獲得適當情感的來源便愈多。

假設我們要一個兒童適合社會地去發展，那麼營養不良，便和其它生理上的缺陷一樣，必定是一種阻礙。營養不良，非但直接妨害兒童底人格，並且會引起許多間接的弊端。若是兒童沒有足夠的主要食品，或他底身體不能消化這種食品，那他對於各種疾病的抵抗力必定薄弱，容易感到疲勞，並會神經錯亂和感情失常。這許多現象，能夠引起種種行為問題，使這不幸的兒童愈不快樂，愈不討人歡喜。

我們如要糾正兒童底行為問題，或補救兒童人格上的任何缺陷，首先必須注意他們底營養以及生理上的一般情形。因為營養不良既會阻礙兒童在學校中的進步，又與各種人格問題有密切難分的關係。

可愛的人格之基礎，是建築在健全的身體上的，這是很明顯的事。

有病兒童底缺陷

一般有病的兒童，雖實自小就被他們底父母縱容壞了。因爲我們做父母的都是富有感情的人類，雖然具有較強的判斷力但總容易縱容孱弱兒童底任性，以爲他們身上已經有了痛苦，若是這樣聽其自由，似乎便能減少他們底痛苦或給他們以安慰。於是他們就會趁着我們痛愛他們，把欲望提高，要求增多，等到我們一旦發覺這種情形的時候，他們已經受害了。他們底壞習慣好像「飛去來器」一樣（譯者按：此爲澳洲土人所用的武器，用堅木製成，投出時非一大曲線，仍向投者飛回）。當每次飛回來的時候，反而只有加強他們身上的病痛。世上哪有不姑息貽害有病子女的父母？一個任性的兒童往往在別的兒童看來，是越長越討厭。他底疾病使他不能和別的兒童在一塊正當地遊戲，使他底長輩不免對他過分的牽掛，這樣便使他更須依賴大人，因而越不能與他年齡相等的兒童在一塊了。像這種兒童就是過分受父母庇護的兒童中的一個。他底心理的隔離（psychological weaning）便會延遲下去，也許永遠沒有完成的時候。那般終日整夜，成年成月地熱切照顧兒童的母親，很細心地撫養兒童，其實兒童並不需要這樣撫養。她們這種不適當的辦法，常令兒童自覺柔弱。她們引起他們底父親甚或親戚朋友責罵他們，這非但不能減少，反會增加她們對兒童的罣慮。

一個有病的兒童，如果是個獨生子，尤其是一個男孩，往往不能使父母之間感情濃厚，反易使他們之間感情破裂，有時一個剛愎的兒童，不受細心的教養，並且會因此而引起他的反抗，以致造成他底粗莽。不過大部分的兒童不是這樣，他們很和順地接受別人底特別照顧，甚至希望他們底同伴們也特別照顧他們。還有些兒童確是生成就願意做個孱弱有病的兒童的。

跛腳的兒童

不幸得很，跛腳的兒童老是被他家庭提醒他生理上的障礙，他家庭以及親戚朋友，常着他底面，就談及他底缺陷。我們人類心理上天生是惻憫的，我們愈不留心，便愈會在偶然遇到的談話中說到那些事。譬如有一次，奧非斯叔叔和我們吃飯，他注視小森看見他用發育不完全的手切肉，便說：「糟糕，用左手切，不要用右手好了」。他後來看見小林在外而玩過之後，很快樂地一步一步地跛進屋子裏來，便說：「我不懂你用拐杖走路，怎能走得好。眞糟糕，你不像別的兒童有用條好腿」。像這樣的話叫小森聽了，心中會起什麼感覺？叫小林聽了，又會起什麼感覺？

自然地，我們對於跛腳兒童是表同情的。可是，有時我們只顧自己一時感到痛快，便對他談說他底跛足，而不是爲了要叫他心中感到舒服才說的。那些平常被人認爲聰明的成年人，於某一短短的期間之內，會當面對着生理上有了明顯的缺陷的兒童，給以許多的批評，如有任何人注意及此，則此人於一般成年人底常識和行爲也許有所譏笑。畢竟對於生理上有缺陷的兒童我們倘沒有超過穴居人底智慧。

生理上的缺陷有時是幸福的

縱然我們極力對生理上有缺陷的兒童表同情，但我們還是會傷害他底感情的。除非我們對待他很好，使他永久希望得着同情，那他才不對我們起反感；否則跛脚的兒童便會憤恨我們底同情。他要我們對他一舉一動，好像沒有看見他底缺陷，對待他如同對待一個常態兒童一樣；在他沒有向我們要求幫助以前，我們不要幫助他。在跛脚兒童學校裏面一般的教師證明跛脚兒童極希望別人對待他如同對待生理上並未失常的兒童一樣，我們若爲他們安排各種活動，而他們在這種種活動中能夠競爭得滿意，有時甚至很好，那我們便對他們有了最大的幫助，使他們很快樂，並且使他們不覺得生理上有缺陷。

生理上的障礙，好像是不幸，而其實是幸福的。因生理上的缺陷而發生人格上的痛苦，似乎可以刺激天才的發展，假若拜侖(Byron)和司各德（Walter Scott）沒有跛足，華士華綏(Words-worth)幼年時候身體不孱弱，那麽世界上也許會受很大的損失。當然我們不知道他們這般人，如果在幼年時期沒有因病而避免和別人往來，對於世人能有多少更大的成就；同時我們也不能確知如果他們沒有離羣索居，他們是否仍會留給世人這許多創造。

別種生理上失常的缺陷

還有許多生理上失常的地方，雖不能阻止兒童參加日常的活動，卻能引起別人底好奇心和注意。這種生理的失常，如肥胖、身體各部比例不稱、傷痕、胎記、指甲脫落、缺脣、露齒、或玻璃製的假眼球（glass eye）。個人生理上的異常特徵，總會引起別人底注意。要想人家對於這些特徵不當注視，實在是不可能的。人家這樣的注視便使得這不幸而有此特徵的人自已有所意識，時時提醒他，叫他知道自已生理上是有失常的地方。常常有些人，一定要評論這些特徵，甚至還要追問它們底原因。

有些可醫治的缺陷，不但使兒童感覺過敏，而且使他們受成人們底難堪。倍廣林君自己曾說：「我們無情地逼迫我們底孩子使他閉口（因他有張口的毛病）。從他八歲到十歲的時候，我們罵他、羞他、笑他，使他把嘴閉起來。直到最後，我們才發現，不但他底扁桃腺腫脹，而且鼻子裏面的軟骨也發生了阻塞，所以他才要張開嘴來。後來送他去醫治，經過了手術，我們底孩子西銳爾自然就把嘴閉起了」。

有時兒童因為聽覺感到困難，或營養不良與神經毛病，會把下頦張開的。

家中來客對兒童無意的批評

親戚、家中的熟人、或家裏人，甚至那些受過教育的成人，都當着兒童底面，做出各種傷害兒童感情的事情來。他們常時閑談使兒童極易感覺到的某種生理上的特徵「啊喲！愛露斯怎麼長得這樣肥大她才十五歲哩」！「可惜非力斯沒有像她弟弟底酒窩和鬈髮」。「你看非爾會長成一個大人嗎」？「如果吉爾德再繼續地長大我想我們立刻要建築一個高大的門，才能讓他出入，哈哈」。「萊特，你有幾個肥巴」？「我們底爾克非斯不須要指紋」。像這類的話，在有兒童的家庭中，常時脫口而出，使兒童聽了，感覺無窮的苦痛。

親愛的讀者，現在假設你在無意中，也犯了這種同樣的過失，使兒童不高興，那你就坐下來，和你已經得罪過的兒童安心地好意地坐一刻，自已認錯，請他原諒，而且鄭重地向他保證，將來不再得罪他，以後你就要照辦。

門齒脫落的兒童

恆齒漸漸地代替了初次的門齒的時候，是每個兒童一生中最難受的時期，當這時期中，他哪能逃避掉成人對他討厭的暗示呢？牙齒脫落的異狀和脫牙後隨即發生的說話困難，使兒童自已都有所感覺，而且還會引起別人，尤其是成人，對他嘴巴的注意。

對於這件事情，當我的最小的兒童經過這種受罪的時期，我曾有一段紀載。我曾看見至少有二十餘人，大都是大學生，用下面的話作弄那個兒童，這簡直令我吃驚。「你曾打過架嗎」？「你底牙齒怎麽的」？「一定有人打了你」。又有同樣的無禮貌的話當着他底面說，如：「他牙齒脫了，看起來好奇怪」。他當時感到非常的不安，所以在可能的時候，他就逃走開去，不給人看見他。無論那個拿他開玩笑，使他不安他就不和那人交談。我得自己承認，當我聽他說話或對他說話時，要我若是把眼睛看着他底眼睛而不看他的嘴，我也覺得是很難辦到的。

關於此事，有一次某大學教授當着我的面，對他十三歲的女兒說：「撅起你底上嘴唇，把犬牙給我看看」。這孩子雖遵命照做了，但他滿面羞恥，而他底無頭腦的父親卻哈哈大笑。可是他是一個仁愛的人，我常常覺得他是一個對兒童有同情及了解的父親，他常爲他底獨生女兒底幸福，不惜作任何的犧牲。我們大多數做父母的人很願意爲兒童捨命，但我們有時卻毫無意義地做出傷害他們感情的事來，他們精神上受了這種傷害，也許永遠不能完全復原。我們人類有時做事怎麼這樣奇怪啊！

像上齒突露和缺嘴唇這種生理的失常，專門醫師可以把它們醫好。這種缺陷如果醫好了，兒童會有無限的滿意。若是沒有醫治，或不能醫治的時候，第二步最好的辦法是利用許多補救的方法，使他們能表現自我，得到被人稱譽的成就，那就幫助他們免除痛苦了。

人格戰勝生理上的缺陷

我在學生時代，有一次走到高年級同學底販賣部去，那招呼我的職員的嘴上很明顯地缺了一塊，看來有些討厭，可是他一開口和我說話，我就爲他所吸引了。買過東西之後，我捨不得走，還和他攀談。當我離開他時，我對他發生驚異，他雖然生理上有很明顯的缺陷，卻能令我如此傾倒。

有一次，我家一個老朋友帶了一個我們從來沒有看見過的生客，到我家來過夜，我們去會他，和他談過幾個鐘頭，才發現他底一隻手害了很厲害的麻痺症。不過，因爲他底談吐舉止都很好，所以我立刻把他的毛病忘記了，而且家中的兩個大孩子竟也沒有注意到。他底微笑，他底有趣的談話，和他底親切可愛的態度，使我們非常歡喜。他走了之後，我們家中各人都評論他底談吐舉止能夠吸引我們，說他個人特有的吸引力使我們不去注意他那可以引起一般人憐憫他或討厭他的地方。

我們每個人總知道一二個這樣明顯的例子：有些沒有天賦的美點或生理上有明顯缺陷的人，卻是非常可喜的，這是因爲他們具有極好的人格的緣故。因爲可貴的人格可以戰勝生理上的缺陷，故我們任何人有了生理上的缺陷，應當振起精神，不要灰心，去找尋新的鼓勵和希望。

有些年靑人，特別是靑年女子，覺得他們自己平常不能吸引別人底注意，也許他們眞不能吸引別人底注意，也許並不是如此。不管她們能不能吸引別人底注意，我們可以造出種種情境來幫助他們，使他們交得到朋友，並且處得很好。讓我們常常記在心中：個人特有的美點是能夠培養得出來的。

一件不成功的事情

有一位美麗的婦人，許多朋友稱讚她，她也因此自驕。她有一個十五歲的女兒，家人都以爲她生得醜陋。她底父母不准他照鏡子，卻常時說她長得美麗。這女孩比一般的兒童要聰明些，但她底成年朋友報告說她非常憂悶不樂。這種欺騙兒童的方法是荒謬的。這女孩不爲恭維所惑；因爲沒有別人證實她的美麗。無疑地許多好虛榮有野心的母親，爲了恭維她們年青的女兒漂亮，反使得她非常地感覺到她所希望稱讚她的人並沒有給她以預期的表示。

生來相貌不動人的女子，惟有轉移她們注意的方向爲最妥。她們可以從相貌美的方面，轉移到別種美麗上面去，如聲調、談吐、微笑、談話的嫵媚、多方面的興趣、機智、聰明、幽默、巧對、迅速、衣服和身上的整潔、舉止嫻雅、態度活潑、多才多藝等。

貝必（Bagby）在他底人格心理（註一）中說：

「造成個人特有的美點，一部分是外貌和服裝的功效，但外貌和服裝都不及語言和行爲的習慣重要。因爲語言和行爲只有從社會經驗中才能獲得，而社會經驗的獲得卻要靠我們去和社會接觸。這便是社會生活的第一種利益」。

說恭維話只是一種暫時的計策，長久了，不但說的人感到痛苦，並且聽的人也感到痛苦；至於真正有價值的讚美之辭，卻能培養兒童底人格。有技巧地向兒童說有價值的讚美之辭，兒童對它們會感到滿意，並且喜歡它們。這種方法，無論對於兒童或成人，都可適用。

從另一方面看來，又有些很漂亮的女子，自己知道生得美麗便非常驕傲，沾沾自喜，絲毫不想再培養有價值的美點來增加她們底美麗。其實像這種女子，在高一等的人看去，並不可愛。生得越美麗的人，越不知道自愛，越要糟蹋自己底美麗；生得越不美麗的人，便越知道努力自愛，使自己增加美麗。有些人都從他們人格的動人獲得可愛的美點。

綽號與人格

綽號常常揭出兒童自己非常容易感覺的生理上的特徵或缺點，所以別人喊他底綽號，是使他受不了的。這些綽號，如胖子、輕骨頭、紅臉、水桶、斜眼，雖然大都是兒童底同伴取的，可是有時候他們底父母、親戚或別的成年人，也老是喊他們底綽號。許多父母，別的事都很聰明，獨犯這種喊兒童綽號的毛病。

有一家人家有兩個年青的兒子：一個身體強壯而運動很好，另一個卻身材矮小。作父親的喊這矮小的兒子做「落花生」，又常常面笑他說「我們底落花生永遠不能像他哥哥這樣做一個足球員」。這位父親還是一個大學畢業生哩！

假使你是一個父親，當你底兒童對於可恨的綽號感受痛苦時，你可以勸他最要好的同伴替他換一個比較好些的綽號，或用他底真名字稱呼他。你照這樣和他底幾個朋友一接洽之後，你便能夠替他改了一個新綽號，而他也許會在他朋友替他起的綽號中選擇一個比較好的。這種事，我曾經看見過。如果這種辦法失敗，他不願意選擇一個綽號，那末你就告訴他綽號是代表一個好人的符號；若是他能曉得那個綽號是代表好人的意思，或是他對於那個綽號完全不關心，那麼綽號對於他便失去了作用，自然以後他覺得綽號並不怎樣討厭。

湯姆的例案

湯姆是一個十二歲的男孩子，有一天，他從學校回家，心裏非常難過。他告訴他母親說他不願意活下去了，因爲學校裏有幾個孩子笑他頭上的紅色頭髮，使他非常羞恥。像這一類的事情常常是很嚴重的。

好個湯姆底聰明的母親，她聽了湯姆報告之後，一聲不響，便隨即故意地對他講一些他平日極其擅長的活動。那天晚上，她和他父親想出了一個計畫，要他們的幾個忠實朋友來幫忙把它實現。於是他們當時慢慢地暗示他，叫他自己覺得有紅頭髮是足以自負的，並使他知道這紅頭髮是他底個性的表現。這計畫果然成功了，幾個月之後，這小孩自稱做「紅頭」，而且還鼓勵他底朋友也用這名字稱呼他。

自然，一個兒童能夠鼓起勇氣來笑他自己個人的特徵，或笑自己的綽號，他便感覺愉快，不覺痛苦。只要他認特徵是他自己的特色，他底同伴也就不再把它當作取笑的材料了。這種自己拿自己的特徵開玩笑的原理，對於一切因人格上的恐怖而感覺痛苦的人都是有效，不論他們底年紀怎樣。據我所知，大衛洪生是個禿了頭的父親，他隨便拿自己的禿頭說笑話，只要風不吹他底頭，他毫不覺得禿頭是痛苦的。

丙 青春時期人格上的恐怖

何林華斯夫人(Mrs. Hollingworth)告訴我們說：身體的發育可使兒童深切地有所感覺，因此在青春時期的開始往往產生着强烈的衝突情感。春情發動的那一年，兒童發育得非常快，有一個青年在一年中，身長增高了六吋，體重增加了二三十磅。在青春的初期，手足往往發育得比例不稱，男女孩子在十三四歲時，四肢會盡量地發育，從袖中伸出的長腕和大手，穿了挾脚痛的或笨大難看而又必須要穿的鞋子，使他們對那些生理上突然的改變發生注意。他們甚至懷疑究竟他們底發育有沒有止境，鼻子好像也跟手足一樣地長大了。尤其是女孩子對於鼻子的大小發生很深的憂慮，往往在鏡子面前，愁眉苦臉地花上幾個鐘頭仔細察看她底鼻子，如果家中那一個對於她底鼻子要說一兩句批評話，那還有得了！

生殖器外部的發育，青年大都熟知的；不過生殖器內部的功用以及各種內分泌腺，他們卻還不知道。可是他們所不知道的那一點，對於青年底理智生活和情感生活，亦即對於他們底人格，是有很明顯的影響的。吳偉士(Woodworth)說：腎上腺活動得過於厲害的青年，大概是情感衝動的，甲狀腺活動得失了常態的青年，大概是意志堅強的。

兒童底初次修面

在春情發動期間，男孩生鬚，男女兩性底腋下會長出毛來，男孩因爲不知道應當在什麼時候修面，他很感到不安。有些男孩躲着修面好幾個月，怕他父親看見了，和他取笑。有一個青年說：「好幾次我溜到地下室裏面去用我父親的剃刀修面，碰到有一天，舅舅到我家來做客，恰巧在我正修了面之後，父親便注視我說：『我曉得你方才正拿我底剃刀在牛皮上面磨』，於是舅舅便大聲地笑起來。當時我底那種感覺，我將永不能忘。我們再看下面另外一個例子，便知道一個好父親和好兒子的關係與上面例子中的情形是如何地不同呀！有一天，一個兒童用自然而坦白的態度，向他父親說「爸爸，如果你願意，我要把我臉上的汗毛剃一剃」。

「去剃好了」，他父親不經意地這樣回答「若是你歡喜我底剃刀，願意買，你就照樣去買一把，若是你喜歡別的樣子，就去另外買一把」。然後他父親又告訴他剃刀的用法及其應注意之點。大部分的兒童初次修面，並不需要鼓勵，即使需要的話，給他一種安詳而不甚注意的暗示便足夠了。另外有些青年，憂慮他們底鬍子長得太慢，因為他們覺得有了鬍子便是男子漢了。有一個十八歲的青年，對一個十七歲的青年很誠懇地說：「唉！你倒長出很美麗的鬍子，我希望我也能長那樣好的鬍子」。

少女對於疣和痣的苦惱

青年女子發覺了她們臉上或別的地方長着很容易看見的疣、痣、或毛的時候，她們也同樣地感到不安。我同情的母親在可能的範圍內，甚至自己願作很大的犧牲，替她們找有本領的專門醫師來醫治這些毛病，同時還不要使她們給熟人注意，以免她們心中不快。

現在一般少女，總喜歡用化粧品，他們底父母禁止她們不用是不行的。唯一的辦法，只能勸她們遲些時候再用，或不要用得過多。春情發動的女子，是喜歡盡量地塗脂抹粉，想設法造成自己特有的美麗。笑她們或責罵她們，祇會對她們有傷害，甚至反能使她們背着我們去暗中打扮。做父母的看見了女兒塗脂抹粉，最好稍爲忍耐點，或在恰當的時候，給她們一點不致引起反感的暗示，這樣也許能夠幫助她們打扮得格外巧妙，而且節省些。因爲應付這一類的問題，除了忍耐之外，找不出別的更有效力的辦法了。舉棋不定的靑年女子，自然會漸漸地認淸她們這種努力打扮，是以儘做到不使人覺得矯揉造作爲佳。

少年男女在靑春初期，也許會因臉上的面疱感到很大的苦惱。一般成年人，總以爲此種生理現象與手淫有關，雖然他們嘴上不說出來，但臉上卻表示出對於靑年犯手淫的譴責。此種生理現象，或者和性的變態有某種關係，不過通常認爲直接的原因，則確是一種經過腸胃或皮膚的不完全的排泄。要想把它免除掉，最好少吃甜東西，規定食物，盡多飲水，每日洗澡。至於更進一步的辦法，那就得請教家庭醫師了。

害羞本是一種很自然的特徵；在常態情形之下，它是一種美麗，尤其是在靑春少女身上。但有許多沒頭腦的成年人，用下面這樣的話，例如「喲，看比吹斯臉紅了」。把害羞似乎看成了一種不是常態的東西，比吹斯從這一類的暗示裏面也許會對這天與的害羞發生強烈的自覺，當男孩子臉紅的時候，如果成年人也這樣作弄他們，那就更加殘忍了。

（附註）

註一：人格心理（The Psychology of Personality）第一七七頁；一九二八年紐約 Henry Holt 出版

第二章　衣服與人格

衣服可以影響人格。若是我們衣服的質料和樣式給親戚朋友看了說不好，我們便自覺不如別人，甚至使別人覺得我們討厭。縱使自己不覺得自己服裝有些奇異，然而別人對我們特別的注意，會使我們不知其所以然地感到不安。故一人所着的衣服即是其人格的一部分。

剛學會了說話的兒童，愈小便愈能自由表現其好惡之心。一個三歲或十歲的兒童，如果穿上很別緻的衣服，給別的兒童看見了，他們立刻就會告訴他說他穿的衣服和他們底不同。只要他底衣服既整潔而樣式又不特別，那麼別的兒童就不會說令他難堪的話了。近來衣服的樣式都標準化了，貧窮的父母不用受金錢的引誘為兒童製衣服，所以父母底經濟狀況不一定會影響兒童底衣服。

即使兒童底衣服是由成人底改做的，可是大多數的父母都改做得很好。除非現在一般人對衣服的標準和變化比從前還要講求些，那末近代家庭經濟情形不好的兒童，對於他們衣服的樣式的確不感到像他們祖父母在兒童時期那樣的煩惱。

父母給兒童衣服所定的不良的標準

父母以及和接近兒童的成年人對兒童衣服的焦慮，無疑地會引起兒童對於衣服發生煩惱和缺憾；這原因是：父母在不知不覺中極力想把自己底人格擴張到兒童身上去，因此，還沒有等到兒童知道衣服是他們人格一部分的時候，老早就不合理地把兒童衣服的質料和樣式底標準定得過高。一般的父母和經濟不寬裕的父母，總喜歡力不從心地去使兒童穿得好些，這便造成了兒童對於穿衣服的一種不合理的希望。不但在衣服方面，就是在一切別的方面，我們給兒童底希望過於滿足，反使他們貪得無厭。有些兒童在學齡以前，便常常強求父母替他們購買像他們同伴穿的那樣的衣服。我們若要和一個有錢而又擅長裝飾的人在衣服上面爭奇鬭豔，那只有落於人後而引起無窮的痛苦。一般跟在富人後面競尚奢華的人，尤其感到痛苦，受無限的窘辱。

兒童製衣服應有預算

做父母的能早早使兒童知道種種預算的限制，叫他們作事要適合預算，這對於他們底品性和幸福有莫大的利益。他們知道預算越早越準確，便越有益處。兒童一旦穿了父母或別人不合理地用錢替他們製的上等質料的衣服之後，就希望人家繼續替他們再製，而不知道別人爲他們花了多少錢，又不曉得從別人學點經驗作爲以後自已尋錢製衣服時應有的準備。他們心中存有這種父母爲他們所定的不良的標準，以及他們自己在兒童時期養成那些不好的習慣，會使他們於將來離開父母，置身社會時，一定感受痛苦。以後他們對於衣服會時時有所自覺，因見自己無力再製像昔日那樣的好衣服，所以便引起無窮的痛苦。如果母親能把兒童衣服的質料定下一種合理的標準，那就可使他們對衣服感到很滿意。

一個不重視衣服的人——別人也不注意他底衣服——而衣服正適合他底人格；這種人是最舒適，最討喜的。所以聰明的父母給兒童穿衣服，是要顧及兒童底健康和舒適的。如果父母把兒童「打扮」起來是爲的出風頭，那麼他們便時常叮嚀他不要把衣服弄髒了，若是弄髒了，便要挨打，

讓兒童穿好衣服去遊戲

一個越盡力花錢替兒童製衣服的母親，便越表示她對兒童衣服的細心照護。這樣反妨礙兒童正當的遊戲，使他苦惱，若是他把衣服弄髒或弄破的話，

「在街坊自由嬉戲的野孩子底環境，確比困在家中衣冠整齊，看護周到的兒童底環境要富於刺激性些，也許危險多些」。

一同樣的，衣服也能限制兒童與環境的接觸。衣服整潔的兒童，往往被父母把他們放在成人一起，這對於他們底人格有重大的影響。例如現在有兩羣年齡相等的兒童，一羣由保姆領帶着在公園中遊玩，保姆圍繞他們坐下閑談，做毛線手工，用眼睛注視他們；另一羣卻在育嬰學校裏面遊玩。就他們底外貌而論，在這兩種相反的情形之下，當然以公園中遊玩的兒童底外貌爲清潔些。育嬰學校裏的兒童，穿上衣服就是爲的盡量地遊戲的，他們任衣服沾泥也好，污髒也好；他們每天早晨出了遊戲場，常常是頭髮散亂，衣冠不整。但是我們看他們，不要從他們底外貌上看，而從他們底經驗上看，便可知道他們底活動未受拘束，並獲得了各種經驗。他們不是無目的地走、跑，而是爬、跳、滑溜、造房屋等等，所有這一切都沒有甚麽拘束和成人底監視，並且這一類的遊戲只需要注意兒童的安全，而不必顧慮負管理之責者的麻煩——像保姆常有的那種麻煩，或兒童底父母所有的那種麻煩[註二]。

兒童衣服穿得太講究了，會使他們在遊玩時感到不自如，並且別的兒童看見他們，會喊他們做「女性的孩子」(sissy)或「假道學的孩子」(goody-goody boy)。兒童在學校裏，穿衣服比他同學穿得好是要不得的，因爲這會使他變成勢利的眼光。有一個學校裏三年級的兒童曾經警告一個衣服穿得特別好的兒童，說如果下次他再穿這樣好的衣服到學校來，他們就要打他。從另一方面講，假若一個兒童底衣服穿得比別的兒童特別壞些，那他有時候便會給別的兒童瞧不起。碰到有這樣情形的時候，教師必須利用機會，對別的兒童灌輸健全的道德教育。

父母和教師應當不要錯過機會使兒童知道用不好的言詞批評別人底衣服和容貌是最可鄙的。不幸有些成年人給兒童做榜樣，常在家中故意批評別人，倘若我們一定要出醜，那麼讓我們背後咀咒別人吧，切莫不自重地批評人家底衣服或特性。

爲兒童同時也爲我們自身起見，有一個好方法，卽是背後只稱讚別人，不說別人的壞話，這個方法看來似乎太平常了，其實它對於兒童的人格與道德教育，亦甚重要。這個觀念差不多在學校中是看不見的；甚至在主日學校(Sunday School)裏也少見。牧師在教堂中分析和判定人類的罪過，雖然使兒童爲了人格上感受非常的苦痛，很不能感動成年的男女聽衆。總之，一般少女少婦走出教堂門之後，便立刻把牧師所講的道理拋之九霄雲外，而在歸途中大談別的女子和婦人底服裝。

有一次，某學校的女學監，走到一個年齡自十三歲至十九歲的女生課室裏，說她要找一個最動人而且穿得最漂亮的女生，準備下星期日叫她在禮拜堂中當着聽衆練習講道；後來她在這班上選中了一個，這個不幸中選的女生在同學中是頂不受人歡迎的。

有些中等學校，把學生底服裝規定一種樣式，尤其在畢業時，叫他們必須穿一律的衣服，這使他們在人格方面感到很大的快樂。

教兒童小心衣服

大人可以早早地教兒童小心衣服，若是他們衣服弄髒或弄破了，不應責罵他們，除非在特殊情境之下弄破了，才可以責罵。當兒童在一坑泥水旁邊玩耍時，大人不去管他，等到他不幸滑入泥中，便去責罵他，這是多麼不應當的事！有時許多兒童在一塊做賽跑的遊戲，彼此一個牽着一個的衣服，這樣定會把衣服扯破的；若是扯破了，大人不要去責罵他們。叫他們不要做這類遊戲，而做別種不致損壞衣服的遊戲，或者大人應該不做聲，隨他們扯壞算了。有些父母看見兒童衣服弄髒或弄壞了，便責罵他們，甚至逼迫他們穿這弄破了的衣服，使其忍辱含羞，這是很不合理的。

兒童應當早早學會簡單的縫補，像補襪子和縫衣服。中等學校的兒童應把縫級一類的事情當做他們底責任。

有許多兒童，大人一定要他們穿過於寬大的衣服，因爲衣服不大一點，穿到身上，不久便嫌小了。像這種寬大的衣服，不但妨害兒童底自然動作，並且使他們時時覺得不痛快。同時，太緊了的衣服也是討厭的。倘若爲經濟起見，頂好買點便宜的布料多製幾件衣服，不必老是穿不合身的衣服，並且兒童確實亦不喜歡穿那穿久了的衣服。

被衣服所束縛的兒童

有許多兒童，冬季出外玩耍，或去上學，身上衣服綑緊了，簡直束縛得不能如別的兒童一樣地動作，既不能爬，又不能滑、跑、打架。他們不但不能自由玩耍，而且被別人看見還要稱奇好笑。我們只要聽聽小學裏的兒童們對這般爲衣服所妨害的兒童所下的批評，便知道別人對他們的意見了。但這般受罪的兒童實在是無辜，他們底母親還不知道自己做了傷害兒童的事——他們以爲自己對兒童做的事很好而懷疑別的父母爲什麼不好好保護兒童，使他們不致受潮受寒。

一切使兒童怨氣的事都是由於穿橡皮鞋而發生的。幸而近幾年來女孩子穿橡皮套鞋很好看，既適用又有益。可是十歲左右的男孩子就不然了，他們穿套鞋是迫不得已的。有些穿了的心中很嘔氣，因爲要忍受同伴底公然嘲笑或暗中非難。他們常時把套鞋遺失，或丟在甚麼地方看不見了，這是有意無意地避免受罪的一種方法。一個兒童看見和他年齡相等的兒童不穿套鞋，而自己卻一定要穿，這種兒童也正是受家庭過分愛護的孩子。我們讓他去穿不浸水的笨重鞋子，如果需要塗油防止雪和雪水的浸入，就讓他把鞋子油起來。

我們起先就要告訴兒童，讓他知道如果天下雨而路上濕，必須穿雨衣和套鞋，那麼他便知道穿雨衣和套鞋是應該的事。假若你斷定無論幾歲的兒童都應當穿套鞋，就給他穿好了，不必猶疑，也不要和他嚕囌。能這樣培養兒童合理的服從性，你才算是成功了。

父母與兒童感情衝突所引起兒童生理上的變動，也許會間接使兒童傷風比在暴風雨中行走時傷風的次數還要多。當父母和兒童意見相左時，父母能夠態度鎮靜，體諒兒童，使兒童做事與父母合作，那麼便可發現兒童做事是驚人地合理的。不過有些父母對兒童過於操心，常常向他們嘮嘮不休地叫他們穿套鞋，叫他們衣服穿溫暖些，又警告他們小心疾病，要趁早曉得保重，一旦害病，便遲了，那就糟糕；像這種父母便不了解兒童，只覺得他們越長越不聽話。自然地，這般兒童因爲衣服穿得「臃腫」遭同伴譏笑，沒有辦法，只好走一條蹊徑，和同伴們無理地蠻幹一氣。

不論有關健康的衣服底標準怎麽樣適合需要，除非父母能不至於喋喋不休地督責兒童去採用，那麽這種標準對兒童不但無益，而且引起他們一方面對父母發生許多的反感，一方面又忽視了身體的健康，甚至不顧別人底非難。

讓兒童選擇自己的衣服

有些父母自己心中以爲兒童必須穿某種衣服，就應當穿某種衣服，而不管他們願意不願意穿，這也許是一種個人的癖好。有一位母親說她十三歲的兒子要製一件套頭式的毛綫衣，她卻堅決地要他製一件對襟式的，雖然她兒子極力反對，但結果無效。她說：「當你脫去套頭式的毛綫衣時，它會把你底頭毛弄亂的」。

爲什麽兒童不能自由選擇衣服呢？在一星期中兒童必須換幾件衣服，把這幾件衣服放在一個地方，讓他們自己到那裏去取每天所要穿的；還有就是在店鋪裏由父母作試驗性地選擇了幾件衣服之後，爲什麽兒童不應該擇定那些最後所要購買的衣服呢？

如果父母是賢明的，能夠訓練兒童善於選擇衣服，那麽無疑地，八歲或十歲的兒童自己會上街去購買他們底衣服；只要價錢說妥了，十多歲的兒童確會很聰明地選擇他們底衣服，若是聰明的母親單獨上街去替兒童看衣料，她只要把極端的情形除開，讓最後的選擇權，還是給予兒童，因爲照這樣做去，除了能夠確能使自己選擇布料做衣服穿的兒童養成獨立負責的習慣以外，還可以促進他們人格的發展。

（附註）

註一　布勒茲（Blatz）和巴特（Bott）合著兒童管理（The Management of Young Children）自九二頁至九三頁一九三〇年紐約 Wm. Morrow 出版。

第三章　姿態與人格

假若別的一切條件均等，那麼一個姿態好的人必定是能吸引人的。他坐着有精神，抬起頭來有精神，走起路來也有精神，他沒有疲勞不安或畸形的樣子。凡是坐着無精打彩，站着倚牆靠壁，走路懶洋洋的人一定是不能吸引人的。

阿德勒（Alfred Adler）說：「有些兒童走路的樣子，昂着頭的姿勢，正直和無所畏懼的態度，說話時堅決的聲調，都明顯地表現他們底自信和勇敢。又有些兒童見別人對他們說話，便畏縮而立刻現出退避情感，並恐怕不能應對自如」。

一個姿態好的人往往是活潑、健康、有力、有希望而勇敢的；一個姿態不好的人是冷淡、沮喪、提懶、孱弱而多病的。活潑、健康、強壯、勇敢而有希望的人總是令人歡喜。一個能夠吸引人的人是完全地具有或局部地具有這樣的品質，並且他底品質的程度還相當地高。我們想要培養好的人格就得培養好的姿態，想要培養好的姿態就得培養好的人格，因為這兩樣東西是相輔而成的。

健康為人格的基礎

習慣雖是造成姿態的一個主要因素，然而無疑地，健康對於姿態格外重要。費格爾（Feagre）和安得生（Anderson）在兒童管理及訓練（Child Care and Training）（註一）一書中說：「姿態是兒童健康最好的表現，不好的姿態未必盡是由於佝僂病（rickets）的影響；在有些情形之下，是因為疲倦所致，在另一些情形之下，是營養不良所致。當兒童底生理組織軟弱而容易變成各種形態時，姿態尤其會受影響。營養不足，缺乏睡眠和休息，沒有戶外運動和房間裏空氣不流通都足以影響兒童底姿態。

一個初出世才三天的兒童，我們便能造成他三歲時的好姿態；等到他三歲時，我們又能對他十三歲時姿態之造成給予許多有益的幫助，這要用什麼方法去造成呢？就是供給他適當的食物，養成他底好胃口，使他有睡眠和休息的良好習慣。兒童營養不良，他底筋肉便不強壯；他底骨骼尤其是在學齡以前是得比那些營養不良的筋肉要快些，以致使他底筋肉不能很適當地支持他底身體。差不多營養不良往往與缺乏充分的休息有關係，自然地，常時疲勞的筋肉便不能產生適當的工作。所以充分的休息和良好的營養對於造成好姿態的重要是一件很明顯的事。

姿態與營養

營養不良的兒童（有佝僂病現象的兒童），獨自坐、立、爬、走、都很緩慢，他雖盡力動作，但仍是遲鈍，並且立刻就會疲勞。因為疲勞的關係，便發生許多情緒問題，和常有的行為問題。患佝僂病的兒童身上缺少鈣的原素，故他底骨頭不能有正常的發展，他底腿也許是彎曲的，他身上別的各部分的骨頭也許形狀不佳，雙肩下垂，脊骨有彎曲的趨勢。全身各種骨頭底形狀都會越變越壞；只要微微壞了一點便是終身姿態上的一種永遠的缺陷。充分的日光，適當的飲食，用專門有經驗的人指導兒童吃魚肝油，這樣通常都能防止以上種種的毛病。此外還得要說的，就是從前測量食物價值的唯一的東西是熱量（calorie），今則維他命（vitamin）為大多數父母所熟知的一個名詞，這般父母如今正在學習了解那與身體健康的發展有重要關係的飲食及飲食的適當比例。確實地，維他命對於造成良好的姿態有很大的功效，它既然對於造成良好的姿態有很大的功效，所以對於發展良好的人格也有很大的功效。

一個生理健全，營養很好的嬰兒，在初出世的幾個星期中，便表現他底筋肉很有力，這由他底握得緊緊的拳頭可以說明。你握着他底脚就能拉動他底身體，而並不需要在膝蓋部分把他的兩腿弄直。如果一個嬰兒底手和腿是軟的，他祖母會說：「這個娃娃不行」。她底話常常是對的，因爲筋肉不強壯是身體上某種毛病必然的現象。

許多校醫和保姆對於一般在學校念書的兒童不好的姿態，老早就有了深刻的印象。這種不好的姿態便是生理缺陷之最普通的一種，雖然沒有統計，但它底範圍散布之廣，很介細心檢查身體的人吃驚。

李卻生(Richardson)和黑爾恩(Hearne)專門爲研究「學齡以前的兒童及其姿態」著了一本書，兒童早期生理上的變態可以很容易地糾正過來，或阻止它越變越明顯。兒童自四歲至六歲的發育比以後的發育要快些，這兩位作家相信無論在什麼時期，好的營養，指導得法的競技和遊戲總比正式的運動對於兒童底健康有益些。

各種生理上的缺陷，都直接間接地造成不好的姿態。百克常把她底頭偏向一邊；她底朋友說她在兒童時期就是這樣的。「她底頭歪得多麼有趣」！這恐怕是因爲百克底一雙眼睛或耳朵一定有了毛病。

現在我們從李卻生和黑爾恩的著作中引一段話如下：(註二)「視覺發生毛病，對於姿態的影響是很明顯的。眼睛有缺陷的兒童爲着要看得清楚些，便把頭伸向前面去，這樣，自然他也要把肩臂伸向前面些，因此他底胸腔就縮小了。假若兒童一隻眼睛有了毛病，那麼他爲着要看得清楚些，便老把頭歪着，用那一隻好眼睛去看；這樣常常把頭歪向一邊的結果，可以把頸子變歪了。一隻眼睛或一雙眼睛有了缺陷，確實可以造成姿態的缺陷。

「聽覺發生毛病也同樣會造成兒童不好的姿態。若是一個兒童兩隻耳朵都有毛病，他便會把頭向前而伸着，並且還時常把下顎張開，因爲張開下顎可以把由中耳通至喉頭的歐氏管(Eustachian tube)放大；究竟這種動作能不能增強聽覺，還是疑問；不過他底感覺上似乎解除了什麼覊絆，好像耳中的阻礙已經除去很明顯地。假若兒童底一隻耳朵有了毛病，他底頸子也會歪斜着，這與一隻眼睛有了毛病所發生的情形，同一結果。

「又，兒童因腺狀腫而呼吸發生毛病，這也可以使下顎張開。腺狀腫會阻塞鼻孔的通道，以致呼吸必須用嘴代替，故腺狀腫亦是使兒童產生不好的姿態的另一因素，正像視覺和聽覺發生了毛病的情形一樣，兒童一旦生了扁桃腺，他底頭就向前伸出，胸部便縮小了」。

兒童不好的姿態往往要歸咎於他睡眠的姿勢，但是約翰生博士(Dr. H. M. Johnson)底意見卻與此不同，他於一九三一年正月二號在克利夫蘭(Cleveland)美國科學促進會(American Association for the Advancement of Science)上宣讀一篇論文，提出他底學說，主張兒童睡覺時不好的姿態是會自己改正的。他把他繼續在幾小時之內所攝下的育嬰學校中睡眠兒童的照片展開給大家看，這似乎是他底學說的一個強有力的證據。育嬰學校中健康的兒童平均每睡一小時要變換地位八次，少有睡到六十分鐘不移動的。他們每換一個新姿勢，就表示以前的位置不舒適，要把約束住的筋肉和關節放鬆一下。

如果他——一個起初幾年營養適當的健康兒童——睡眠充分而有規則，醒時有適當的休息，神經不致過勞，身體不疲倦，又有良好的機會去自由動作，那麼他便會自己注意自己底姿態了。

姿態與傢具的關係

一個六個月或八個月的嬰兒背後沒有東西靠着，在搖籃裏坐些時候，或一個一兩歲的兒童脚底沒有東西踏着，坐在一把高椅子上吃一頓飯，或坐了比吃一頓飯的時間還長久些，那他們是多麼疲倦哩！我們再看一般自三歲至十四歲的兒童雙脚懸着坐在桌子邊上吃飯，或坐在成年人底椅子上面切東西和畫東西，那他們又是多麼吃力哩！兒童若一定要適合成人底傢具，那不但會引起他生理上的妨害和不快，而且會直接引起他人格上的障礙，這種障礙是隨着下面三件事情而發生的：一、他必須學習運動的技巧，去適應成人底傢具；二、他底視覺的範圍受了限制；三、他常時想起自己不如成人，所以兒童必定要有適合他們身體大小的傢具。兒童一能走路，就應當自己有把小椅子，以便他底雙脚可以很舒適地放在地上，而他底背從臀部起也可以很舒適地靠着椅背。他還應當有一個適合身體高度的桌子給他遊戲。因爲拿成人底椅子給這樣大的一個兒童當桌子，覺得太低了，不能使他底手和臂在上面運用自如。

三四歲以上的兒童，就要給他另備一把椅子，不用在椅子上面做一個扁盤，只要有適當的靠背和脚踏使他能很舒服地坐着和大人在一個桌上吃飯就行了。如果這時還要在椅子上面做一個扁凳給他用，那就表示這兒童身體發育太遲緩，而普通成人底椅子對於他很不方便：

自由動作與休息

兒童自初生出來就應當常常放在像桌子一樣硬的地方，上面鋪着毯子，讓他不受衣服的阻礙，自由爬動，讓他自己拉動身體，增強腿、臂和背部筋肉的力量，因爲這樣做去，以後他可以自由攀爬，試驗走路。兒童身體太重，也是一種障礙，因爲他不能控制他底筋肉，所以他要想爲好姿態造成一個根基是不行的。

兒童只要學會了行走，他便想盡力地走，直走到精疲力倦方才干休。大半在學齡以前的兒童，都易感受不正常的刺激，所以他們容易疲倦；除非賢明的父母好好保護他們，使他們有適當的休息舒暢身體，那他們才不至於過度疲勞。疲勞甚至會造成頂小兒童底不好的姿態。等到一旦生理上的疲勞過去了，可是壞習慣的姿態卻堅固不拔地留着。

穿衣與姿態有很大的關係。兒童穿了「背心連袴」(rompers)的衣服，彎腰或蹲伏時，便感覺肩膀受了束縛。衣服穿得太重，也能造成兒童的壞姿態。尤其當他們到學校裏去的時候，我們常常看得出那種難看的姿態。肩膀是有彈性的；如果衣服太重或其重心的位置不適宜，便會使兒童底雙肩向前發出或向下低垂。一件舒適衣服底重量是既不壓在肩上，又不壓在背上的，它是在肩與背之間，在臀部結一條帶子，不要太緊，便可幫助減輕肩上的重量，不過是帶子對於好的姿態卻會發生不良的影響。如果重量一定要在肩上，那就讓衣服底重心從頸項旁邊垂下來，使橫過的肩膀可以自由。店裏賣的胸衣（underwaists）往往剪裁不好，以致皮帶總是從肩膀尖上接出來的。聰明的母親爲注意兒童底姿態起見，把買來的襯衣很容易地修改一下，再給兒童穿在肩上便合身了。

許多兒童都爲鞋子所煩惱，不是因爲它太緊，便是因爲不合腳。甚至太緊了的襪子對兒童底安適、優美和勇氣也有妨礙。鞋子應當做得寬低而柔軟，弧形鞋和扁形鞋像窄狹的高根鞋一樣，對於兒童底姿態都有很大的妨害。青春少女都喜歡穿窄狹的高根鞋，高根鞋的確曾造成兒童彎曲醜陋的姿態；而一般公立學校已經極力在使女孩子對於穿有益衛生的鞋子發生興趣。

壓抑的情緒與姿態

當兒童正在挨罵時，你去看一看他是如何地沮喪。只有兵士被罵時才直立不動，因爲他無法可想，不敢動。你再去注意一匹被責罵的獵狗底姿態「像一匹被鞭打的狗」，這句話底來源是很明顯的。

你去觀察一個兒童，當粗心的成人批評他門齒脫落的時候，看他是如何地感覺；或去觀察一個青年男子，當他聲音改變遭成人嘲笑的時候，看他是如何地感覺；或去觀察一個十多歲的女孩，當別人注意她自己極易感覺到的生理上的特徵時，看她是如何地感覺。她底姿態會告訴你她起了煩惱的情緒。

恐懼、沮喪、或任何其它壓抑的情緒，都會造成兒童不好的姿態。兒童心理上感到不快，頸項和脊背的筋肉便特別輭弱無力。他們煩惱，自我意識，或恐懼時，兩眼一定要移轉，而頸項和頭上的筋肉低垂，隨着眼睛想從引起他們煩惱、自覺和恐懼的事物上面逃開。你去注意一個在學校裏讀書的兒童，便會知道這種情形，你看他晚上放學回家去坐在桌旁吃晚飯時的態度，他底態度好不好完全要看他有沒有精神，才能斷定；如果他沒有精神，那他底態度一定不好。我常覺得自己也和許多別的父親一樣，regular嚮向兒童說：「坐起來」，或「不要那樣站着」。後來我底見識和經驗增長了一些，便不再這樣去煩擾他們，我認爲他們底姿態主要地是心理現象的結果。有時他們疲倦了，或在學校裏挨了責罵，或受了家中人和同伴的氣，或在桌上說話給別人批評了一頓，這，都會使他們表現出難看的姿態。

姿態主要地是以生理的和情緒的安適爲轉移的一種造成人格的不知不覺的因素，缺少了生理的和情緒的安適，有些兒童就現出顯著的姿態上的缺陷；無疑地，糾正此種缺陷的辦法需要各種特別的運動，體力和心理的因素都是糾正此種缺陷的最大的力量。

兒童底姿態與心理作用

當一個兒童或靑年有生氣，感覺舒適、快樂，認爲世界是光明的而對於他有希望，又覺得在家然和同伴中他底人格是很好的時候，他便昂着頭豎直背，常常坐立行走都是挺直身子，這樣自然他底腹部就收縮起來了。（一個腹部挺出的人要想站立時高大而活潑是多麽爲難）」假若他無論做什麽事情，我們都去嘮嘮不休地責難他，那麽我們就造成他底不安的態度，使他感到人生無甚價値，對世界和自身發生悲觀，因此他就垂頭喪氣，萎靡不振了。

軍隊裏面常有這樣的命令：「抬起頭來」，士兵聽了這個命令，隨即把頭抬起，於是姿態也就變好了，這是事實。人們一有了勇氣，希望和快樂，便不知不覺把頭抬起，眼睛向前直視。所以我們只要看見一個人有了這種態度，那麽他底姿態就會自然地變好了。

另外想起一句軍隊中的命令「不要挺着肚子」（但是這句話有各種的說法）。凡是要想改好姿態的人，都認爲這句話是足以取法的。營養不良的兒童大概總是挺着肚子的，像這一點就足以造成不好的姿態，肚子挺出而身體又太重，也同樣能造成不好的姿態。而且身體太重的兒童會越長越懶的，他底腳和四肢容易疲倦，以致現出委靡不振的樣子。

當你發現你底孩子坐着站着走着老是無精打彩的樣子的時候，你對於他底姿態不要下半句批評，你首先把他帶到醫生那裏去看看到底他生理上是否健康，若是醫生證明他是健康的，然後你再研究他底種種習慣及情緒的表現如何，你要免去一切使他煩惱的事，想出方法來幫助他在家中一舉一動，在學校中作功課以及和別的兒童交往都能得到更多的快樂。除了稱讚他底良好品行以外，對於他的姿態你要保守緘默，不要說這樣有害的批評，如「爲什麽你老是那樣站着」?或,「我希望你要學馬爾達那樣行走那樣站立才好」。

馬爾玆(Martz)君說:「我知道我一年前曾教我底年青的孩子應當把頭抬起,把肩膀放平,我想我曾經對他這樣說過好幾次而每次我底話好像只有使他發了煩惱,正在這時候,發生了許多使他高興的好事情:他在學校裏被選爲堂內遊戲(intramural sports)的學生指導員,被推舉做高級青年團員(High Y.)和國家榮譽學會會員(National Honor Society)又做教會籃球隊隊長。他自身起了這大一個改變呀!現在我得要和他在姿態上競爭了。就我所知,他前後判若兩人的原因,完全是心理作用的影響」。

此種不好的姿態如坐在桌子旁邊無禮貌,把手膀撑開等等的行爲,都可以因別人的影響而改正過來,例如朋友們在一塊感情融洽,大家快樂,他人底好姿態便可做自己的榜樣。當兒童表示極願意與大人合作時,如果有一句需要說的話只要說出來委婉而簡便,便可對他們發生很大的效力。兒童能表現他們底好姿態,就讓別人去稱讚他們,無論在家裏或在學校裏,稱讚他們底好姿態比責罵他們底壞姿態的好處要來得大些,因爲有價值的贊美可以使造成兒童好姿態的心理的因素,對於好姿態格外有益,而責罵卻會使這些因素造成兒童底壞姿態。

(附註)

註一:兒童管理和訓練(Child Care and Training)四五頁;一九二九年明納索達(Minnesota)大學出版。

註二:見所引前書三九頁至四〇頁;一九三〇年紐約 Putnam 出版。

第四章　眼睛與人格

一個初出世才幾個月的兒童，認爲他母親底眼睛是她人格底最重要的部分。也許她底聲音在他看來，還是次要的。她有時要想使這嬰兒對她起反應，往往是她底眼睛先引起他注意；兩隻眼睛炯炯發光，不時迅速地轉動，便引起了嬰兒底反應；所以嬰兒把眼睛釘住望她。他底閃動的眼睛望着她，也和你我平常把眼睛很快地注視移動的東西一樣。當小孩牙牙學語而很想向他母親說什麽的時候，他把雙目對準他母親底眼睛說話，希望她頭不要偏，眼睛不要移動，一心注意他說話。

有時父母認爲兒童把眼睛注視他們底眼睛是件討厭的事。其實這種態度是不對的，他們應當歡迎這種奇異的教訓：知道使別人歡喜自己。一個兒童現在喜歡把眼睛注視他父母底眼睛，但以後他也許不會這樣喜歡注意他們底了。尤其將來等他進了學校，在課室裏或對生人說話的時候他底一雙眼睛會下垂或向別處望，也許他覺得對着許多聽衆說話是件很不容易的事。

在這裏我們可以得到一個教訓。我們對自家兒童的態度總是機械的，對其他親愛的人也是如此；他們說話時，我們往往不注意，只漫不經心地聽着，甚至機械式地回答他們，而孔又不對着他們，眼睛卻望着遠處或近處的東西。這樣我們便失掉一個好機會當我們對兒童說話或他們對我們說話時，我們不把面孔向着他們，使彼此之間的關係變得很平常，以致旣不能陶冶我們自己底人格，又不能陶冶兒童底人格，這是多麼可惜！自然地，我們常常專心於某種活動或思想而對兒童說：「馬上等我把這做完再和你說話」。但是有些父母對任何人說話或任何人對他們說話時，他們卻很知道把眼睛注視別人。

爸爸回家的時候

我們做爸爸的人每天回家時，總是忽忽忙忙的，無暇享受兒童對我們那種從容不迫的歡迎，或無暇與他們互道一聲「安好」。我們不同他們周旋，便轉身去注意自己的事情，拿起一封信或一張電報看看，問今天王君來沒有來，或問什麼時候飯可以預備好，這時兒童卻很高興地對我們大聲說他書中英雄底事蹟或把他日間所做的玩具叫我們看。家中若有一個八歲的女孩，她便會要我們看她在學校裏做的好功課或告訴我們下禮拜五晚上她們要開一個會；家中若有一個十五歲的青年，他便會告訴我們他所聽到的笑話或對我們說他預料學校裏的球隊一定會戰勝柯柯模（Kokomo）隊，希望爸爸和媽媽明天去看他們比賽。但是，唉！我們也許沒有聽見他們說什麼，而只偶爾答應一聲「嗯」，便又不時地去注意信件和晚報了。這種信件和晚報乃是不急之務，可以等一等的，但是兒童底心卻是不能等待的。大人旣這樣對待兒童，以後兒童就不願再努力使大人注意他們底話；大人老是不睬他們，他們漸漸就要灰心而說「對他們講有什麼用呢」？

我們做父母的往往以爲兒童對我們說話，我們是聽到了，而兒童也以爲他們對我們說話，我們是聽到了，其實不然。我們讓他們興高彩烈地去講，而自己卻在做白日夢樣地想像我們一些未來的事情。這時雖然他們態度誠懇，以爲我們正在聽他們說話，實際我們底眼睛卻在活動，注意任何偶然發生的事情或注意突處。如果他們對我們說話時，我們常常以整個人格的力量來注意他們，那他們覺得我們是多麽可愛呀！但我們並不如此，我們對他們做出那種態度，好像我們沒有眼睛一樣的，又好像兒童站在我們跟前簡直同木桿子一樣。一個注意聽別人說話的人和一個說話有趣的人都能表現出一種吸引人的人格，父母能謙和地聽兒童說話，兒童便學着謙和地聽父母說話。

通常我們總是把眼睛對着那引起我們注意的東西。我們越注意得利害，我們底頭和眼睛便越直接向着那引起我們興趣的東西。我們對兒童人格漠不關心和顯示自己老是不能吸引兒童注意的原因，不但是由於兒童對我們說話時我們要打岔，而且是由於彼此說話時我們沒有把眼睛對他們望着。

笑

當一個小孩做事要想博得我們底贊許或當他很歡喜地述說他底真愛的與空想的經驗時，他便對我們發笑。世界上哪樣東西能比他這種笑還使人快樂呢？四五個月以上的健康兒童看見我們對他笑，他也立即對我們笑。父母最大的快樂，就是他們底小寶貝對他們常常地笑，如果我們和兒童說話時，能夠常常使他對我們笑，那麽我們不但會造成他這種人格上的寶貴的特徵，而且也能訓練我們自己常常笑得格外自然而動人，

一個動人的笑，須要整個容貌才能表現出來，不過一雙眼睛似乎是最主要的因素。實在地，當我們底視線和那發笑的人底視線會合在一塊時，他底笑便格外使我們快活。當我們注意聽一個人說話或注意地對他說話時，我們便格外覺得要笑。我們對別人的態度越機械，便自己越不要笑，同時也越不能使別人笑。

笑也能成爲機械的。凡是曉得笑對於人格之價值的人，都會養成習慣的笑。但是，這種人底笑，不是越笑越可愛，而且越笑越不可愛。這種笑確實常常是討厭的。一個人有了適當的情感要發洩，他便笑得恰如其當，他底笑是常態的，可愛的。我們底兒童底笑也是這樣的。我們切莫命令兒童「多笑些」；我們要使他們在我們跟前感到快樂和安適，能在我們跟前感到快樂和安適，他們才會覺得我們真是他們底好朋友。

當然我們心中所想到的笑是同情的笑和愛情的笑，而不是譏諷的笑。譏笑是不應當的，如果我們要幫助兒童從嬰兒時期起就活潑可愛地轉動他們底眼睛，那我們就得細心地顧及到他們底情感。只要別人稍露一點不好的詞色，我們底眼睛立刻便表示恐懼。我們社交的勇氣可由眼睛上而顯露出來。若是兒童在別人面前能感到安適和舒服的話，那他底眼睛便是博得別人歡心的

最好的東西。他和別人說話的次數愈多，便愈足增加他底社交勇氣，所以他愈能向別人以眼睛示意。對一個懦弱的兒童說「不要把眼睛離開那聽你說話的人或那對你說話的人」，這是沒有用的。你這樣責難他，反使他愈覺不安，愈要把眼睛離開那聽他說話的人或那對他說話的人。命令兒童，叫他放勇敢些，這也是沒有用的。我們只能幫助兒童養成勇敢的態度。

金姆是一個十五歲的兒童，他敬重我們，常向我們討教，如果我們和他共得很好，我們便有機會去向他作有效的暗示，雖然是一言半語，也能使他曉得在社交情境中把眼睛運用得很合宜，於自己底人格是有價值的。也許我們這樣做去，對於金姆格外有益，就是叫金姆注意：當他把暑假中作的有趣的事情告訴康乃總君的時候，康君便釘住眼睛望他，傾耳細聽，而且並露出感謝的笑容。還有一個更好的辦法：當金姆在我們家中遇到一個客人時，他舉止大方，言語姿態都很動人，並且把眼睛運用得很合宜，毫不覺得自己是和一個生人在談話，這時我們向金姆說我們已經看到並且感到他底可愛的人格了。

第五章　聲音與人格

聲音是人格裏面主要的因素，我們在不知不覺中可以因聲音的關係而使人歡喜或令人討厭。也許聲音對於「令人歡喜」比人格中其它任何因素還更要些，無疑地，聲音比其它任何基本的特徵還易於改良些。

西勺爾（Carl Seashore）教授在一九三一年二月出版的兒童教育（childhood education）中論「兒童底聲音」說：

「總括一句，我確認語言是指示性格的——實在地，它是性格底一個原素，如粗暴或溫和之爲性格一樣。它是可以由模倣學得的，不良的特性是頂容易學得的；語言的型式是老早就規定了的；它與歌聲有密切的關係；每個常態的兒童都能養成一種美妙的聲音；好的聲音是自信、成功和社交中主要原素的一種，它同時也是人格底主因和鑰鑰」。

因爲音調（pitch）、響度（loudness）、節奏（rhythm）和發音器之性質等關係的不同，所以聲音便有各種變化。當我們聽到一種聲音，而不需要看它底發音體的時候，我們以爲或說那東西是一個凡哦林、一個木鼓，或一隻飛機。在黑暗中我們是以聲音去辨別人的，在數千哩以外打電話和繞地球半週廣播無線電，也是以聲音去辨別人的。

聲音底變化

每一個人都有他自己底喉頭、口腔、舌子、嘴唇和呼吸器。雖然他可以高聲地說或柔和地說，用高音節說或用低音節說，說一種音度（tempo）或另一種音度，但總帶一點他個人音調的特性，此種個人的音調給和他相識的人一聽到，往往便知道是他底聲音。

一個人說話的器官除了用專門訓練和施行外科手術可以稍爲改變一點之外，它天生如此，仍然如此；因爲一個人聲音的特性是天生的而不是造成的。然而，出乎我們意料之外，它卻可以改變——確實比無生命的發音器還改變得利害些。聲音的特性似乎可由發聲時的情狀而生出極大的改變。例如一個女人底聲音本來是可愛的，若是她發聲過高便可變成尖銳刺耳的聲音了。

假若其他一切的條件均等，那麽一種低而靜的聲音在生理學上講來是悦耳的，而一種高而強的聲音是討厭的。如果我們把凡哦林底聲音拉得很高，就是一個嬰兒或一匹狗聽了也會發生不快之感。因爲這種高音調的發聲在生理學上講來，是會使聽者感到痛苦的。

聒耳聲音的心理作用

高而強的聲音不但引起聽者生理上的痛苦，而且會引起聽者心理上的煩惱，這是很關重要的。在許多例子裏面我們可以看出響度增高了，音調也就隨之而加強。強烈的響度和高音調，除了它們自身底不和諧以外，還會使我們心中感到那說話的人底緊張和不快，它們又引起我們許多不快的聯想。

兒童在没有學會說話以前，對於父母或保姆底聲音便能表示一種快與不快的情緒。他自己聲音的變化通常也與情緒的經驗有關。當他靜悄悄地獨自一個人的時候，他嘴裏牙牙喁喁所說的聲音差不多總是低微而輕柔的。不過，即使當他非常快樂時，他有時候也會把聲調提得很高用以試驗他的聲音，可是這種機會也不多，他不過偶爾把聲調提高罷了，如果他覺得提高聲調便感到快樂，這是由於他覺察他能引起高音而並非覺察他能叫出高音，但他以後發育下去，則提高的音調(high-pitched tones)逐漸減少，而爲比較平靜的音調所代替。自然地，一個坐在小自動車裏的兒童，當他和別的兒童遊戲而感到快樂時，他就會尖聲地叫喊起來。然而這種高音節的聲音是從他底筋肉緊張和極力想表現自我而產生的。可是像這種被兒童發出來的聲音也許是帶來的痛苦多而快樂少。當六個自六歲至十歲的兒童作「捉迷藏」或某種「碰機會的遊戲」時，他們所發出的聲音一定是很難聽的，因爲他們底聲音是表示一種神經的緊張。他們每人都想勝過別人，所以從各方面極力地擴張自己底力量，因此他就大聲喊叫或尖聲怪叫。

嬰兒神經系統中很早就印入了保姆或母親對他的撫愛溫柔的聲調、容貌、微笑和稱讚他的言詞。母親或保姆從來沒有對他大聲叫喊過。若是他們責罵過他或當他而責罵過別人，那他便覺得她們底聲音既不溫柔又不可愛了。他又觀察出來，若是別人說話時，面帶笑容和表示快樂，那他們底聲音便是柔和而底緩的，若是變方動了怒，那便可由他們底高大的聲音表示出來。

一個年長的兒童爲一種平靜而柔和的聲調所責罵的事，我們會想像得到嗎？從另一方面講，我們能希望在一個時常喧囂喊叫的家庭中找到愛情和友誼嗎？我們覺得一般情人決不會像這樣喊叫着談話的。所以，很明顯地，說話聲音安閒、柔和，而可愛的兒童和成人底心中總是快樂的，而說話聲音喧囂、聒耳，而討厭的兒童和成人底心中總是痛苦的。

我們能改進我們原來的音調

每個人都能控制他自己聲音的音調和態度，例如我們做父母的人在我們的兒童面前很能夠培養一種控制悅耳聲調的能力但是這件事談何容易因為我們做父母的也是人而人是感情的動物我們一天要遇到多少煩惱的事，煩惱的事遇多了，我們便感到疲倦，容易動怒，而把說話的聲音提高。除非我們時刻留心，把自己訓練得像機械一樣地控制自己，那我們說話的聲音才不致越變越高「努力約束自己」對我們大多數人實在是很重要的，恐怕我們沒有人能夠完全做到這步田地。有時父母也許為某件事情意見不投，或為關於兒童行為的某種爭執，彼此就發生一點小衝突，因而互相齟齬，雙方底情感越激烈，說話的聲音便越尖銳噪雜。

家中沒有噪雜的聲音，便可使人養成低聲說話的習慣。例如當無線電收音機噪雜時，家中人談話的聲音便要比收音機的聲音高些，為着兒童底人格和幸福起見，當家中人敍談時，我們應當只讓收音機發出低微而柔和的音樂。

無論誰能夠注意到這點，他便可以支配聲音底各種屬性，此種屬性是教育底結果；我們成人能夠由「自己訓練」(self-training)得到各種更可愛的聲音。自然別的成人還可以這樣幫助我們：(1)少來煩擾我們；(2)多多鼓勵我們成功；(3)在我們面前使他們自己做我們底有價值的模範。而我們自己這一方面的工作就是：我們要努力培養壯健的身體，盡力避免疲勞和過度的神經緊張，養成良好的休息習慣，然後，自然不管我們底情感怎樣，我們都會努力去控制我們底聲音的。

我們曉得一些可愛的人們，雖然他們生理上感受痛苦，神經系統壞了，但他們說話和行動卻如同他們是完全健康的人一樣，並且他們大都是束身自好的。他們底各種成就使我們看了興奮他們個人特有的美點令我們見了傾倒。

煩惱和疲倦對於聲音的影響

在一個家庭裏面聽到頂醜的聲音，多半是在一天快要完了的時候，那時全家的人都疲勞極了，尤其是兒童。自天裏沒有睡覺的兩三歲的兒童這時會發怒不聽話的，他非常的吵鬧着要遊戲。他底發怒和喧嚣使別人煩惱，同時別人也就因不安而使他煩惱，於是彼此都高聲大叫，而音調往往愈叫愈高。全家的人只要受到一點吵鬧聲音的刺激，便都發出難聽的聲音，結果因為你想把我底聲音壓下去，我也想把你底聲音壓下去，所以各人底話聲甚至格外嘈雜了。

一個父親認定為了他自己的緣故，別人便不應做聲，於是對兒童大聲地叫：「不要做聲」一個疲倦而神經受了刺激的母親也會這樣地對待兒童。當時也許兒童暫且安靜一下，他隨即便會更加叫得兇。父母越常常這樣大聲地命令兒童不要做聲，家中別的人便因此越受騷擾越易發怒。通常在家中受父母責難被厲害的兒童往往容易捲入煩惱的漩渦中，挨駡、啼哭；以後他說話格外會大聲亂嚷因此他底煩惱便愈來愈多，簡直有增無已了。

任何做父親的人都知道當他正要高聲大叫地說話的時候，他應該低微溫和地說。當別人喧囂嘈雜時，他卻要心平氣和，而且要做得很聰明地去用低微溫和的聲調說話。這樣一來，然後別的人才好效法他；於是在一個出乎意料之外的短時間之內，大家就一齊鴉雀無聲了。這種採用暗示的方法是很有力量的。你假若在家中整天不做聲，那麼全家的人都會向你低聲耳語。這種對於父親的教訓是很明顯的。能夠在家中聽到溫柔可愛的聲音的兒童是幸福的啊！

假設一個做母親的希望用比較平和的聲音去改正另一個做父親的嘈雜刺耳的聲音，那麼他自然要做的事就是當後者正在嘈雜得最厲害的時候，給他一頓批評。這樣一頓批評，非但無效，抑且使他格外惱羞成怒。像這樣的例子，在一百個之中有九十九個是會使被批評者格外惱怒格外喧囂的。假設我底妻子也這樣對待我，而我知道她底態度是泰然的和自制的，那麼她底批評可以使我產生一種自卑遜情感，既然我已經心緒不佳，那她這種批評便是極不受歡迎的了。她若是為的幫助我，那麼她當時應該不露聲色，甚至一點不滿意的態度也不要表示。不但如此，她反應當使自己的態度比較平常還要甜蜜而鎮靜，對我以及對家中別的人甚至格外能忍耐；她應該等待一個機會，即當我用低微而安閑的語調說話時，她可好好地叫我注意這種好的結果，切莫表示她知道我是在效法她。這種技巧與人類平常處事的方法是相反的，所以能夠把它應用的人非常的少。不過它確是值得我們去「勉力為之」的。

間接改正不好的聲音

關於改正不好的聲音，自然還有一種更顯卓見的方法，若是一個父親（或母親）能首先用溫和的說話使家中漸漸地免去喧囂之聲，那麼他便能影響母親（或父親）使她（或他）以後常常用輕音細語來討論家事，例如當他們閒居獨處的時候，或當他們計畫把家常事務管理得滿意，以及對於治理家政，尤其是教養兒童特別定出很細心的辦法來的時候，她便可用低微的聲調來和他商量一切。做父親的如果在公餘返家時，擔負起下面的責任（1）讀書給兒童聽；（2）刺激兒童作創造的遊戲；（3）甚至與兒童散步；（4）盡力使兒童做滿意有用而又有安靜效果的事情；那麼他對於家庭幸福便有了驚人的貢獻。

往往疲倦的兒童因為發生煩惱和因此而受責罵，會陷入另一種煩惱或作了某種被禁止的活動。當父母，尤其是母親，工作緊張，如預備適時的午飯或招待「不速之客」的時候，往往會發生這類的事情。當時那母親若是聰明的，看見兒童發生煩惱，如能找到一個適當的替手代替自己底工作，便把一切東西拋開專來注意兒童，教他遊戲或讀書給他聽，使其安靜快樂滿意，不再煩悶不安，或者替他洗個熱水澡也行。因為當時只有這兒童底安全是最重要的。倘若父母對於兒童底安全能有「先見之明」，那就不須做此種臨時抱佛脚的事了。

防止聒耳的聲音

因爲惱怒我們便會高聲怪叫，所以要想防止聒耳的聲音，主要的問題還是在免除煩惱可是無論我們怎樣盡力去免除煩惱，然而煩惱總是會發生的，因爲我們做父母的常常在不知不覺中使彼此發生煩惱，又使兒童發生煩惱。免除煩惱就是要我們知道在某些情境當中人們最容易「發火」。例如我們都知道，當一個父親不贊同一個母親訓練兒童的方法時，那母親是非常的惱怒；然後兩人說話的聲音便難聽了，難聽的言語又加上難看的臉色。那無話可說的兒童看見父母爲他而吵嘴打架，不知站在那一邊爲好，只得孤立着，給他們底怒吼的砲、尖銳的炸彈和發光的兩邊口的刀嚇壞了。

要想使任何兩個人討論任何一件事情，彼此雖然意見不同，而能以理性抑制自己，毫不生氣，並且說話的聲調還是很文雅的，這是一件何等困難的事！說話越生氣，越嘈雜，便越不合道理。甚至在大學的宿舍裏或大學的團體裏，而往往討論什麼事情的時候，總是說話聲音最高而又喜歡爭辯的人得勝。和別人意見相左而不動怒，並且還能聲平氣和地繼續和他爭論下去——這就是任何人所能有的最驚人的才能。

這，至少是聰明的佛蘭克林（Beujamin Franklin）底結論，如他在自傳中所說的。

試想一想一般父母和他們年長的兒童所發生的舌戰。他們底話是多麼無味。無論哪個做父母的，當他和兒童口角時，也不會這樣幼稚，去讓兒童占上風。差不多每個做父母的都要和兒童爭說最後的一句話，而兒童不回嘴了，那才干休，否則即使繼續說一天，也是不在乎的。假若沒有難聽的聲音，那麼難聽的言語對於雙方人格之損傷恐怕不會這樣厲害的。

舌戰時的聲音

很奇怪地，兒童與父母發生舌戰，許多時候都是藉着講理（reason）而爭論的。兒童因受父母命令的阻撓或反對父母討厭的命令便爲自己底利益起見和父母發生舌戰。父母底情緒激動了便用戰慄的聲音和兒童開戰。雙方底情緒像火一樣的燃燒，起初是紅光，後來是火花，末了便變成大火。縱然最後一句話是父母的，可是兒童常常得了勝利。當時那種不好的聲音與思難聽，而兒童以父母爲榜樣，養成此種可惡的特性。

假若其他一切條件均等，那麼，我們做父母的愈能本互助的精神，培養兒童合理的自制和合作的服從（coöperative obedience），我們便愈不會以難聽的聲音使彼此煩惱或使兒童煩惱。父母能以溫柔的聲調彼此對待，自然他們便會以溫柔的聲調對待兒童。凡是不常聽到「不」或「不要」這類命令的兒童，都不會被父母大聲喝叫的，因爲他們一旦聽到了這類命令，便即刻遵從。但有許多兒童雖然聽到了命令，仍是不服從，他們聽命令總是一再地聽幾遍，而每一遍的聲音總是越喊越高而尖銳。不須重複的命令底態度和音調都是常態的，既不尖銳也不太吵。須要重複命令的兒童，只有在危險臨頭的時候，才會服從命令，重複命令底音調和態度便是給他報償的，因爲這時他若再不服從，就會挨打。這是多麼荒謬可笑！品性變壞而不服從命令的兒童往往頂容易遭受惡言惡罵，但是常常受責罰的兒童都不見得就是善自管束和服從性最大的，也許情形恰恰相反。通常兒童受責罰越少，他們便越會服從父母教他們不做所不當做的事，應當注意長上底尊嚴，以及別人底權利，常常受呵斥和挨罵的兒童便是常常受責罰的兒童，經常的無益的和不妥當的責罰是頂足以引起父母與兒童發怒，增強他們敵對的心理，使他們格外發出聒耳嘈雜的聲音。關於這，我們將要在另一章裏詳細討論，

惡言引起忿怒

假若你底四歲或十四歲的兒童發了怒，把他底書拋在地板上，或把他在家中寫的練習本子撕得粉碎，或用粗野辱罵的言詞發洩忿怒。這時你這做父親的，也許不得不責罵他，羞恥他，譏笑他，或告訴他這種行爲是怎樣地使你難過。你這樣一做，反格外使他惱怒，如果你命令他把書拾起，把紙片拾起，或叫他自己承認方才的粗野之言是說錯了，應當認罪，那你就尤其使他惱怒。無論你對哪個這樣做，你只能增加他底怒火，而一定不能成功，你底不好的詞色適足以表示你缺少涵養，你底兒童若是品性優良，他還要用高大聒耳的聲音向你回嘴，結果你們倆便爭辯起來了，不知鬧到什麼時候才得完畢。

一個聰明的父親或母親遇到這種情形，他們會用不易辨到的手段來應付——即不露聲色，甚至輕輕地說一句話都是很危險的；這樣恐怕會引起父母和兒童雙方高聲激烈的言詞。過了幾小時之後，再來糾正兒童底錯誤，那是比較地安全些；甚至這時候還是有點危險，除非兒童底怒氣完全平息了，那才是真正的安全。

「應該」和「應當」底惡影響

常常應用「應該」和「應當」兩個字便是引起父母和兒童發怒的原因，尤其在兒童因爲不高興而沒有好好地聽從父母底命令的時候。父母往往見了兒童不聽勸告，便容易煩惱；然而他們還是要極力地去勸告他。這種情境是每個做父母的人都遇到過的。雖然我們知道我們沒有做成功，但我們認爲號父母底職責是一件光榮而令人滿意的事，因爲兒童不懂得我們底教訓底價值，我們便容易惱怒。在這種緊張的關係之下，我們並用責罵或悲哀的口吻勸告他們；我們甚至採用這種不好的辦法：叫兒童事後的行爲作出告，縱然以後再不會發生此種同樣的情境，並且兒童也不能從我們這種教訓裏而得到益處，而我們還要假裝着神聖不可侵犯的態度把他們做過的事對他們說出來，叫他們以後遇到此種情境應當如何做法。

幸而兒童對我們底責罵，裝做不聽，不過危險就在這裏：因爲我們有幾種特點令兒童讚美，他們便模做我們，所以連我們悲哀的聲調也來模倣，（這是可能的嗎？）並且待到他們將來做了父卅，父便把我們這些罪過和虛榮統統遺留給他們底兒童。

父母用悲哀的口吻勸告兒童

如果我們細心觀察自己和別的父母們，便知道我們每次責罵兒童，教訓兒童，甚至忠告兒童都是用的難聽的言詞，並且總是在兒童最不願意接受它們的時候；我們這種責罵教訓和忠告的行爲，其後面的動機並不是爲的幫助兒童，而是爲的謀我們自身情緒的舒暢。固然我們比兒童所知較多；但當教訓兒童時，我們並不是用的知識，而是用的情感。當時我們所用的唯一的理性是假理性，它暗中從事安慰我們底意識，使自我（ego）滿足。

當我們做父母的表示莊嚴的時候，而兒童能夠看出我們底態度實在含有詼諧的成分，那他們便會愉快；如果我們和他們同時看出我們底弱點，並且覺得我們底短處好笑，那他們便更會愉快。兒童若有相當的年齡足以懂得我們底態度是「亦莊亦諧」，那麼我們彼此都能得到益處，並且我們老早就獲得他們底尊敬和友誼了。此後我們應付兒童必定要格外小心，能夠小心翼翼地做去，將來自然便覺得自己駕御兒童的方法是有了進步。不過我們要未雨綢繆，在沒有臨時發生什麼事情以前，我們就得早有準備，以便應付裕如。

甚至兩三歲的兒童對於成人底情感都有深切的感覺。有一次一個人看見一個疲倦的婦人用悲哀的聲調說話時，她底四歲的孩子便對這婦人說：「媽媽，你說話這樣悲哀」。我們說話，在聲調裏面露出快樂或憂愁都是不聰明的，兒童生來就是有希望的，含有沮喪的聲音使兒童臉了感覺不快樂有些父母歡喜發出悲哀的聲音當他們疲倦或頭痛時，那種聲音格外顯得悲哀，兒童聽慣了這種悲哀的聲調，也許受不到甚麼直接的壞影響，不過我們不知道他們將來會不會也養成這種悲哀的特性。此種悲哀的聲調，在一般人看來是令人沮喪的，最可愛的人格是歡樂的，它能鼓勵別人發奮，使別人有希望，我覺得我們成人自己並不曉得我們底聲音對於和我們接觸的一切人們底人格，在不知不覺中發生了多大的影響。

爲什麽兒童會發出悲哀的聲音

悲哀的聲音與傷慟的聲音相同，父母和教師在疲倦或不舒服時，往往也容易發出悲哀的聲音，有些兒童很早就會發出悲哀的聲音差不多他們一會用姿態或語言表示需要東西時，就會發出悲哀的聲音了。

兒童底願望遭了拒絕，他便會用訴苦」聲音再向大人請求。兒童若是有病或疲倦了，那他更會發出悲哀的聲音。我們「這時安慰這可憐的兒童」，可以把「否」一變爲「可是」，把「拒絕」反成「允許」，這對於父母比對於兒童的利益還大些因爲兒童底哀求是最使父母不安的，如果一次哀求不成，多次哀求便可勝利，一直使兒童養成一種老是哀求的惡習慣，母親對於兒童底要求，當時不允許要慢慢地延挨到最後才允許，這種延挨的時間越拖得長久，兒童所獲得的東西便越多。要想糾正此種哀求的習慣，須得利用長久的忍耐力，無論如何，不允許兒童底請求，使其得不到父母有意不允許的東西；不過所困難的就是我們很易毫無理由地說「否」，馬上便又覺得說「否」不對而說「是」；因此兒童便以爲他們底哀求已經使父母把原意改變，於是羣以哀求當作獲得「父母底允許」的方法。

青春之美與聲音

在如今這種喧囂嘈雜的時代中，現代一般做母親的對於女兒聲音的注意，似乎不及她們自己底母親從前對於她們底聲音那樣的注意了。溫和閑靜的聲調，在今日看來和往昔一樣是文雅和有教養的表示；有些母親和教師因爲希望培養兒童底風雅和社交美態，就使兒童把聲音訓練得更加可愛。

男孩和女孩一樣，也許都不需要很高的聲調。用「次中音的聲調」(tenor voice)唱歌是很好，用它說話就不行。普通男子和男孩底聲音都是低音(bass voice)，低音是要用低音調(low pitch)去發聲的。我們鼓勵青年用低音調說話，對於發展他們底人格，尤其是年齡較大的青年底人格，不知能有多少功效。此種努力可以幫助男孩在青春初期免去一些使他煩惱的聲音底變化(voice variations)。當他嘴裏無意滑出很高的聲調時，我們不可笑他，應當同情他，宛如我們沒有注意到他底困難一樣。發音像女孩一樣的男孩給別的兒童見了，馬上就說他像一個女孩子，從此他也許在本質上不能使聲音有很大的改良。然而用繼續練習的方法幫助他把聲音深沉下去還是應該的。

第六章　語言與人格

兒童學習說話愈早對於他底人格便愈有益處，因爲語言是他「自我表現的一種方法」。雖然兒童學習說話過遲是表示智力上生了阻礙，但有時一個聰明的兒童不常與年齡相等的兒童在一塊，那末和一般兒童比較起來，他說話的時間也要遲一年或一年多。由於與兒童同住的成人能夠很淸楚地懂得兒童底「符號語言」(sign-language)，因而能夠供給他們底需要；由於兒童還能用別的方法表示情緒，所以他們覺得不需要語言。同一理由，雙生子的兒童說話總比一般兒童說話遲些，因爲他們兩個在一塊可以不用語言便能立刻互通情意。

兒童語言發展得遲的原因

語言發展得遲的兒童，容易引起父母不安，因爲父母對於他們表示萬分的關切。兒童生理上有了一種或別種失常的狀態，父母便去暗示他，這種暗示對於他底人格顯然是有損無益的。

我們做父母的和當教師的，不知道聽覺上的缺陷對於語言的影響，有許多語言發展得遲的兒童是因為聽覺發生了困難;這種兒童應當常常試驗他底聽覺,如果試驗之後,發現他是聽覺遲鈍或甚至是聾了,那麼我們可以幫助他使其注意別人說話時嘴唇的動作。至於那些聽覺正常的兒童,我們要使他們常和善於說話的兒童接觸,或與那些不滿意兒童用姿態和手勢表示語言的成人住在一塊。假若這種種辦法都沒有效驗的話,那麼我們就應當使兒童作智力上的試驗,把他帶到那懂得生理學和語言解剖學的專門醫師跟前,請醫師研究。自然,智力低的兒童只需要很少的語言,或完全不需要語言。

兒童初學說話的問題

兒童初學說話,最緊迫的事是成人不能完全懂得他底意思。他起首必得做錯誤的試驗,先發出種種聲音,再慢慢地由這些聲音裏面去發現他們對於成人和年長的兒童有什麼意義。當他向他們發聲時,如果他看見他們模倣他,向他含笑表示贊同,他便知道他們懂得了他底意思,於是就從他所發出過的種種聲音當中,選出幾種他用作表示物件和性質的聲音,以便以後常常應用。他必須研究無數的新東西、新性質、新動作,把它們連繫在單字和意義裏面連繫之後,他又必須把單字合成仂語和句子。頂小的兒童老早就遇到各種東西,可是他說不出名字來,他覺得這些東西容易混亂,使他弄不清楚,他不得已,只好把聲音、單字和意義一齊用來說它們。年長的兒童和成人看見他這種辦法,覺得很奇怪,所以向他微笑,或大聲地笑他。他們也許學這兒童說那些使他們聽了奇怪的話，他們說時，面帶笑容，使兒童知道他是正在被人嘲笑了。對於他更不利的一件事是他們也許叫他當着熟人底面，把他那難聽的聲音、仂語和問題重複一徧，使別人聽了愉快，或者他們當他底面，便親自把他底話重複一徧，使他們底朋友聽了快樂。當時這兒童在旁聽了是怎樣地感覺？雖然他起初也許會注意而快樂，不過，他始終會感到非常難堪的。雖然他起初是歡喜的，但後來他一定會認爲這是嘲笑，結果，使他心中非常難過。無論兒童說話是怎樣地可笑，父母總不要去笑他，甚至連微笑都不要有。至於年長的兒童，我們可以叫他們體諒年小的兒童，不要嘲笑他說話。可是成年的親戚和朋友反而不容易開導，雖然精明的母親可以使他們不去煩惱年小的兒童，並且能使他們和他表同情。

父母也許會妨礙兒童語言的發展

一般母親對於兒童語言的發展，都表示操之過急。我們若常常急着要年小的兒童說話，那他說話便很少進步。叫兒童去說任何東西，恐怕是不好的；自然是不好的，除非他喜歡說的時候才可以叫他說。「好，我底小寶貝，說『抓』給媽媽聽」。向兒童說這樣的話，是多麽的不合道理！假若這個兒童不懂得一切別的字，他怎能知道說抓這個字就是指的抓呢？縱然他知道了，別的字音也會和他方才學過的這個抓字的聲音混亂不清。一個比較好點的方法是：先把抓子拿到兒童面前，再對他說「抓」。如果對他說了一兩徧，而他自己還不能說出「抓」來，那就算了，不必再說，等以後碰到機會再對他說。

假若兒童不會說「瓶」，只能說「併」，那就讓他說「併」好了，他說過「併」之後，你也不必跟他說「併」，而且以後你自己也不要常常叫瓶做「併」。

對於兒童語言發展最大的一個障礙就是成人喜歡重複兒童底不正確的字和不正確的仿語，以致使他們把這些不應當留在腦中的錯誤的字和仿語，老是根深蒂固地留在腦中。因為這些錯誤的字和仿語沒有除去它們便使得一般溺愛兒童的父母和別的親戚覺得它們可愛，而常常笑着跟兒童反複地說着它們。漸漸地兒童就覺得它們成了笑柄和「兒童發育遲緩」的象徵，一般母親覺得嬰兒底牙牙學語是最可愛的，所以她常時鼓勵他們繼續地說下去，甚至兒童進了學校以後還說這種嬰兒底語言。

不過別的成人和別的兒童卻以為這種說話的方式很奇怪，覺得聽了好笑，他們喜歡跟這兒童學這種奇怪的語言，拿這兒童開玩笑，當這兒童被人開玩笑的時候，他是怎樣地痛苦！也許以後他簡直不易把這種語言改正過來了。不過他若能避免那些笑他的人以及那些使他有卑遜覺和神經過敏的人們，那就還可以改正過來。他覺得從前愛他的人們所認為快樂的東西現在他底殘忍的同伴卻拿了它來和他開玩笑。

嬰兒底語言

父母知道了兒童底奇異的語言對於人格有不良的影響，他們便不去鼓勵兒童再說這種奇異的語言，他們以同情的態度，老早就幫助兒童把它們改正過來。他們確實要細心盡力為兒童改正語言。兒童發音錯了，他們要從容而自然地為他改正，而且要在兒童不覺得難堪的時候，使其不自知覺地為他改正。

保姆，父母，以及別的成人用嬰兒底語言對年小的兒童說話，也是有害處的。他們以為這樣說便格外表示對兒童的同情，而不知道聽者卻受害不淺。我們向年小的兒童說話，常可用直截簡短的字句，應當發音準確。他們一旦學會了初期的語言（early stages of speech），我們對他們說話，就應當把他們看做受過教育的成人一樣。我們自己說話，要力求口齒清楚，而且動聽。我們要幫助我們底兒童也做到這步田地：我們要做他們良好的榜樣，以充分的時間使我們將說出口的每一個字音都清清楚楚，並使兒童將希望所說的話也很滿意地說得清清楚楚。但是我們不能勉強他們說話說得更清楚些，因為我們若是這樣做，對於他們反有害處。

通常一個一歲的兒童和一些善於說話的成人住了五六年，自然他說話便會很漂亮。他家成年的親戚見了他，也許會驚異他底口才。不過他所說的是成人底語言，而不是兒童底語言。所以他進了學校，別的兒童會覺得他說話奇怪，而他也會覺得別的兒童說話奇怪。任何兒童自能夠蹣跚學走的時候起，若不常與他年齡相同的兒童在一塊遊玩，那他總是不幸的。除非他說話很像那些在學校裏和遊戲場上常與他相處的兒童說話一樣，他底人格才不會受妨害。如果兒童在家中能夠常常聽到好的語言，大人又讀許多的東西給他聽，那麼他底父母便無需關心他底語言發展了。

兒童覺得文法是件煩惱的事

學齡兒童底文法錯誤會使許多於辭令的父母覺得煩惱。這其實是不應當有的事。如果父母聽見兒童說話文法錯了，能夠不做聲，一點不批評他底錯誤，只要自己說話很合文法，給兒童做良好的榜樣，使家庭中的談話平易而有趣，又勸兒童讀好書，那麼這樣便足以訓練兒童說漂亮的國語了（按原文為英語）。何必再採用什麼別的方法呢？

但是一般的父母並不這樣做，他們被兒童錯誤的文法煩惱了，在兒童最受窘的當兒，便很嚴厲地責罵他們，批評他們，改正他們底錯誤。當兒童在家中或在學校裏興高彩烈地說話的時候，父母或教師去打斷他底話頭，這是最妨害兒童的事。這不但不能幫助兒童糾正錯誤，並且使錯誤愈弄愈深，終至牢不可拔的地步。他們確是使兒童對於自己底錯誤過分擔心，阻礙兒童語言的進步和使兒童說話困窘不安。

平常聰明的父母是不改正兒童語言的錯誤的。即使他們要改正的話，也要等兒童說完了他所要說的話以後。他們只把改正的錯誤輕輕地說出來，毫無一點責罵的意味在裏面，更不帶有令兒童羞恥的暗示。他們只把兒童錯誤的語言用悲哀的聲調重述一徧，隨即改正如下：「不要說『我能不看見』，要說『我不能看見』」。（按原文為 "Don't say 'I see', say 'I saw'." 現故譯如上，以便在中國話裏現出錯誤）。更壞的辦法是大人只把兒童底錯誤說出來而不加以改正。單拿「不要」兩字做改正語言錯誤的表示，而不把改正的錯誤說出給兒童聽，這對於兒童的損害並不亞於單用「不要」二字以改正行爲而不說出兒童底行爲何以不對的那種情形。

讀書給年幼的兒童聽

我們都不曾察覺良好的閱讀對於訓練語言的功效。聰明的父母早在兒童一歲半的時候，就讀書給他聽，後來等他進了學校許久，還繼續讀給他聽；他們並且鼓勵年長的兒童在家中讀書給年幼的兒童或鄰家年幼的兒童聽。

在家中高聲朗誦地讀書可以使讀者聽者彼此都得到快樂；並且一方面能夠造成家庭的幸福，一方面又能訓練動人的言詞。

訓練兒童說話多變化

不但在家中能聽到經過選擇的字句和正確的文法，而且能聽到誦讀的故事和變化多端的成人底會話，又能聽到平常的事物用不平常的方法說出來的兒童是幸福的。讀信件和聽獨出心裁地運用詞句的朋友底說話是一件何等愉快的事！我們如果要誦讀自己日常用的刻板的語言，那簡直要令我們討厭死了。我們用這種語言在兒童面前說話，既無力量，又不智巧。我們用這種語言表示普通的事物，雖有變化，亦不能超出常人智力範圍之外。我們用下面三種方法可以使自己說話有進步：(1)注意別人說話時動人的口才；(2)自己高聲朗誦地讀書和對兒童高聲朗誦地讀書；(3)鼓勵年長的兒童在家中高聲朗誦地讀那些可作各種說話方式的模範選本。我們要叫年長的兒童注意別人用各種方式說話之可愛，假若他們自己說話時也曉得用各種方式的語言來表達意思，那我們就熱烈地稱讚他們。

俚語

許多父母不一定個個都覺得俚語是討厭的。

一個十六歲的兒童驚訝時便說：「馬鬃」(horse feathers)（按：這是美國俚語）；而他十三歲的弟弟聽見不甚合理的事時也呼叫：「馬鬃」。

兒童平常可愛的驚嘆詞漸漸地可以變成俚語或另一種字，這種俚語或字同樣地也能使兒童感到滿足，例如：「我底牛」(My cow)，「為着叫高些」(for crying out loud)，「為着把一個『弗德』扇變」(for cranking a ford)。（按：這都是表示驚嘆的美國俚語）如果新近產生的驚嘆詞不能立刻使兒童聽了腦中得到印象，那他還是要回轉去用舊有的驚嘆詞的，例如：「憑着上帝」(Gosh)，「金米粒蟋蟀」(Jimming crickets)，都是舊有的驚嘆詞。

假設你底兒童說俚語，你將怎樣辦呢？

也許你自己就愛說俚語，許多父母都說俚語；有些父母白費了許多精力不准兒童再說俚語，他們爲了兒童底利益，又對兒童長篇大論地說俚語底各種壞處，但結果兒童不但不聽從他們底話，反而對他們失掉了許多尊敬。

我們不應忽視了這件事實：兒童和成人一樣也拿俚語當作表現情緒和得到「感情的安慰」的一種工具。像「馬爛」或「我底牛」這樣的仿語常常能給予年幼的兒童暫時的安慰。因爲兒童在無話可說的時候，沉寂會使他痛苦，他得到這種仿語的幫助，便能暫時感覺社交的滿足。他看見他底同伴大量地說俚語，於是他也不願與衆不同；在團體裏而要做的事是不可標奇立異，應和大家步伐一致。所以兒童在父母面前說話的時候，自然就把平常和同伴說的俚語流露出來了。

防止兒童說俚語和改正俚語的方法

假若你我能訓練自己說正確而有變化的語言，漸漸地增加我們說話的單字，又有許多和我們這樣同道的成年朋友在我們家中，又假若我們底兒童在家中或在學校裏從來不被父母與教師教訓或責罵他說話；再進一層，假若父母自兒童初期就選擇文學作品讀給兒童聽而兒童又學會了如何欣賞閱讀好的書籍，最後假若我們家中有一種快樂的空氣，在這種快樂的空氣中我們彼此感情極好；那麼我們便無須注意俚語底惡影響了。

如果我們要想批評兒童說俚語，最好在我們上次聽到他說過之後，不要去批評他，而等到現在他態度安詳的時候，再去批評他；若是我們與兒童彼此之間，感情融洽，那麼只要輕輕地暗示他便可使他希望以後說話要採取良好的語言做標準。

假若我們自己以身作則，很小心地不說俚語，那麼我確信即使我們不責備兒童說俚語，我們也能得到很好的結果；除非兒童說猥褻粗俗的俚語，我們才責備他們，並且若是他們說俚語說得口齒清楚，用字合義優雅，那我們還要稱讚他們。再，當他們用一個新字用得很好的時候，讓我們立即褒賞他們。這樣一來，無論如何，今日的俚語便可變成將來頂好的國語了。（按：原文為「今日的美國俚語便可變成將來頂好的英語」）。

「喋喋不休」的兒童

許多父母厭煩學齡兒童把吃飯時間花了一大半敘述他底說不完的經驗，例如他描述他聽見和看見過的有聲電影裏的事情。同時他自己也厭煩別人催他快講和叫他不要把故事拉得太長。當他敘述的時候，聽的人並沒有聽，只希望他快點說完。這可憐的兒童知道自己白費了氣力在那裏講，而別人卻不願意聽，於是他不曉得究竟要怎樣才好。我們做父母的可以用兩種方法幫助這樣的兒童：（1）使我們自己繼續地注意他講；（2）當他開始講述時叫他依照鐘點，假設以五分鐘爲限，要他計劃在五分鐘內講完。然後他若簡短地講完了，我們就嘉獎他得了勝利。對於他敘述時所用的那些「又」字或別的廢話，我們一句話也不要說。我們若能做一個表示欣賞的聽衆，那對於兒童語言訓練的成功便有莫大的幫助。

殊許多父母底報告甚至很小的兒童在吃飯時都要花大部分時間去說話，通常此種壞習慣的養成是因爲父母早年太重視他了，當父母不知道此種壞習慣是這樣養成的原因以前，他以爲自己是父母注意力的集中點，其實，父母並不注意他底含糊不淸的語言。他必定要說許多的話，才能給別人聽到一兩句。像這種兒童你不要對他說他是說話太多了，你要教他知道不但他可以說話，別人也有權利說話，舉一個極端的例子如下：你把一隻鐘放在他桌子面前，告訴他你只靜靜地聽他說五分鐘的話，使他知道鐘上的針恰到五分鐘，他就必須停止。然後要等過了相當的時間，他才能說話；這時讓別人也同樣地說五分鐘的話。再告訴他鐘上的針到了什麼時候才可以輪到他又說。如果他不肯等，那他就不配在這團體裏面繼續說話，他應當自動地走開。不過你確實要嚴格地遵守你所說的話，尤其重要的是當他說話時，你要「洗耳恭聽」。自然你不要使他說話發時間所拘束；可是用了這種方法，他便能知道遵守時間，尊重別人底權利，不致妨礙自己所要發表的意思，又不致使他說話時有所不安。凡是希望常常說話而自己又不好好地聽別人說話的兒童，都不能夠得到人家的歡喜。

沉默寡言的兒童

無論在家庭或學校裏，發展兒童人格的最大問題就是要使膽小而不歡喜說話的兒童多多地說話，但是這類兒童往往是父母與教師所最不注意的，因為他們不去麻煩教師與父母，而別的成人又稱讚他們底沉默。他們底沉默常常是一種痛苦的明證。不知有多少學齡兒童，尤其是青春時期的兒童在吃飯的那一小時之內眼看着家中的成人刺刺不休地談話，自己卻緘口無言。這時家中的客人會走到他們面前，覺得他們這樣乖好，真是難得。比較有識別力的人見了他們這種情形，便會懷疑他們處境一定很痛苦，對於他們完全與團體快樂隔絕，無法接受「陶冶舒適的快樂的人格」和「訓練自我表現」的這種正常方法，深覺驚駭。

偶爾也有兒童見別人不睬他，便忍受不了這種沉默的痛苦，於是他做出某種不合慣例的行為來，藉此把痛苦爆發一下。他寧可受責罰，而不願別人老是不理他的確，不管別人對於因他的強迫而引起的那種注意是怎樣地粗暴，也許他從這裏得到了很大的安慰和真正的滿足。

發問對於兒童的益處

五歲以下的兒童，由發問可以得到大量的知識。在他沒有學會說話好久以前，他就發出聲音和做出手勢來詢問。那明了聰明的父母常常耐性地回答他所問的一切問題；待他進了學校，教師幫助滿足他底求知慾和培養他底好奇心。但世間少有像這樣聰明的父母和教師呀！這堅忍的小哲學家——兒童——常常向我們問我們不能解答的問題。他問得太多，我們便覺得討厭，而希望他不要麻煩我們，或向他表示叫他不要麻煩我們。當他發問時，若是我們有事縈繞於心，便機械式地對他含糊地說幾句，要他走開去，或者甚至於恫嚇他，隨便猜出一個回答給他，這個回答連我們自己也不能確實知道對不對。但，如果我們要誠實，要想尊重他底人格，我們就不能這樣做；當他告訴我們一些我們不知道的東西的時候，我們要謙和地表示我們立刻願意明學。我們底兒童年齡愈大，我們從他們面前明學的機會便愈多。當我們誠懇表示立刻願意從他們面前或從別人面前明學時，我們便引起了他們求學的興味，並且使他們得到了有價值的滿足，這樣，就格外把他們底自信心和自尊心建立起來了。

自然，兒童也許會養成熱心發問的習慣而其實他們底問題，回答起來又沒有什麼趣味，除掉使他們以為自己已經引起別人底注意而感到滿足。即使是這樣，我們也不要斥責他們；我們還是要回答他們底問題，堅持地叫他們等我們把一個問題解答完了，再問另一個。

父母和教師對不能回答問題的兒童容易說出這樣的話：「我真詫異你不知道那東西；連一個進幼稚園的兒童都知道它，你現在是六年級了」。有多少進學校的兒童被人稱做傻瓜，被人嘲弄或被人羞恥，因為他們回答不出問題來，或者因為別人叫他們不要問「這些愚蠢的問題」。對於任何人的缺少智識，我們為什麼要詫異呢？我們當中任何人總有些非常愚昧的地方，故意「張大其詞」地說一個人底失敗和缺點，對於他並沒有什麼好處；也許他早已因為自己底失敗和缺點而感到委頓了。對一個在家庭或學校裏的年幼兒童——或年長兒童——切莫說：「不要問這樣愚蠢的問題」，把任何問題都不要認為是愚蠢的。假若你確實知道兒童懂得他自己所問的問題。你也不要責罵他；你要從從容容地指點他，使他如何地利用他原有的知識來解答他所發出的問題。對於他所不知道的任何問題，你切莫表示驚異，也莫犯這種回答的罪過「你應當知道那個」你尤其不要笑他發問，即使他底問題有任何可笑之處，你也要忍耐。

嘲笑可以使發問者氣餒

直到現在，當我們在一羣人裏面看見別人討論一些我們完全不熟悉的東西時，我們也許還感覺到不得不沉默。我們想發問，但是我們不問。為什麼不問呢？怕「貽笑大方」，怕別人聽了說我們愚笨。縱然別人並沒有「現諸詞色」。因此，我們往往自己喪失了許多得到豐富知識的好機會，更壞的事是當我們閉着嘴，怕人見笑的時候，自己心中就難過，覺得「愧不如人」，怨恨自己底愚昧。我們為什麼要怕人？為什麼要壓制自己不發問呢？這完全是受了我們前面已經講過的家庭和學校裏底事實的影響，因為我們在家中不知不覺地壓制兒童底好奇心，不許他們發問，而學校裏的教師又摧殘那些不曾被我們壓制過的兒童底其它的天性。我們做父母的常常最先引起兒童發生「人格上的恐懼」(personality-fear)，而教師還是其次。

專科學校的學生在校舍裏和大學畢業班的學生在教室裏，都還怕發問，在公共集會和極其嚴行的團體討論當中，人們生怕發問，這是很明顯的。只有比較有勇氣的人才會參加一個公開集會，而在會場上提出疑問來。一個成功的領袖是這樣的人：他當開會時，取一種謙和，同情體會別人的態度，使每個參加的分子都感到安定，絕不譏笑（這是一種常犯的罪過）別人，而極端尊重別人底人格，如果發現會場上任何人拿別人開玩笑，他就就要斥責那個人。

有些父母當面向作者提出許多問題，又有許多問題是用信寄來的，他們起頭總是這樣說：「這個問題在你看來，似乎是愚蠢的」，或「你也許要笑我所問你的東西」。像用這樣的話做開端的問題，我們十次就有九次可以常常聽得到。

緬因（Maine）、加利福尼亞（California）、得克薩斯（Texas）、或安剔釐阿（Ontario）、（按：這都是美國底地名）底父母們對於教養兒童，也和上面所說的那些父母們一樣會發生種種的問題。不論我們做父母的去到哪裏或在哪裏，我們對於教養兒童都同樣地要遇到種種困難。譬如：（1）如何使我們自己適應兒童；（2）如何幫助兒童適應我們，以及適應別的成人和別的兒童。無論在什麼地方，實際上這種共同的因素和原則，既可有助於家庭幸福，同時也可妨礙家庭的幸福；因爲我們大家都是人類，而人類是富於感情的動物，故我們應付世事總不免帶有感情的色彩在內。

我們沒有理由可以灰心。我們大家無疑地正在盡着父母的責任，比我們所想到的還要好些；我們時刻對於有些父母向他們底兒童所表示的智能、仁愛、和超越的技巧發生驚異，而對於他們底兒童向他們所表示的忠誠、尊敬和安心的情緒也會發生驚異，我們從來沒有看見過許多誠懇的父母研究過「父母之道」的問題，又沒有看見過許多父母在一塊共同希望共同談話，共同讀書，共同思考，共同計畫，盡其聰明才智，以作他們兒童底引導。從來也沒有許多父母把自己當作父母看待而力求自身的長進。

雖說世界上有許多漂泊分散的家庭，然而也還有許多憑着智慧的愛情而結合在一起的家庭，在後者之中，父母和兒童共同過活，共同在友誼和快樂的空氣中生長。

當我們感覺頹唐沮喪的時候，我們應當記得：假若我們自己力求長進，而在我們周遭的則的父母們也力求長進，那麽我們做父母的目標便一轉而向上了。我們享受「做父母的成功」愈多，我們自身所要做的工作便也愈多，這就是人類進步之道，

培發兒童底好奇心並使兒童說話流暢

我們在家中要造成一種空氣，在這種空氣裏面要使兒童，尤其是五歲或六歲以上的兒童，不但可以自由地發問，而且能夠對於家庭的談話貢獻他們底經驗，知識，甚至判斷和意見。兒童在家庭裏面自有他適當的地位，我們不要把他當做一個毫無所知的小孩看待，我們不要輕視他底智慧和經驗，而要能自然地欣賞他底有限的智慧和經驗。關於家庭日常的事務，不許年長的兒童表示意見，又關於兒童個人所遇到的須要辯論的事情，不許他作有禮貌的辯論，這都是沒有道理的。兒童要想巧辯的時候，讓他鼓起勇氣來巧辯；又他要說他看過和聽過的笑話或要很有趣味地敍述他底經驗的時候，就讓他去說。家庭裏的餐桌上和火爐旁邊都是給兒童造成他有力的語言和

流暢的會話的一個好機會。

家中來客對於兒童說話的幫助

有些學齡兒童是幸福的，因爲他們家中常常招待一些文雅而有教養的客人，這些客人口才都很好，他們鼓勵兒童談話。凡是能夠使兒童喜歡和他們做朋友的那般成人，對於兒童都是有益的。在一個七歲或七歲以上的兒童面前感到侷促不安的成人，不知有多少。他們當中，很少有能了解兒童底意思的，有些還簡直不睬兒童。一個做主人的父親對於成年的客人，要想表示招待恭敬，便不准兒童出來見客，往往佯裝沒有兒童在家一樣，但是，即使不許兒童說話，只叫他和那談吐有趣而說話動人的客人見見面，也可以培養兒童社交的經驗，使他以後和生人說話能夠談吐自如，舉止安詳。

佛蘭克林（B. Franklin）描寫他父親說：

「他常常喜歡有聰明的朋友或鄰人和他在飯桌上談話，他也常常很小心地談起某些智巧的或有益的談話主題，這樣的談話也許可以啓發他底兒童底心智。他利用這種方法，使我們注意到在人生行爲裏面，什麼是良善的、正直的和謹慎的；至於桌上的食品是些甚麼東西，他卻從來不大注意，或簡直不注意，不管它們做得好不好，合時令不合時令，味道鮮不鮮，比得上別的菜或不及別的菜。我因爲是在這樣完全不考究飲食的家庭裏面長大的，所以直到今日，假若你在我吃過飯幾小時之後問我吃些甚麼，我簡直回答不出來。這，對於我旅行，倒很方便；而我旅行的同伴們有時爲了缺乏充分可口的美味，便感覺不快，這是因爲他們受了飲食必須考究的教訓，平日吃慣了珍饈美味的緣故」。

父母怎樣和兒童打岔

這裏我有一個自白：有一次我和我底八歲頂小的孩子出去買東西，上了街，他停住在一家藥店的拐角，而我正在向一個雜貨舖走去；一會工夫他跑到我面前說：「爹爹，若是我有兩角多錢，再加上這個鎳幣，那就能買一本好雜誌了」。還沒有等他把話講完，我就說：「你臉上多髒」。因爲他臉上實在是髒。但是我應當先回答他底問題，然後說這句話才對。等到我發現我底錯誤，我就趕快請他原諒，然而我已經使他受着很大的損害了。

在現代父母(The Modern Parents)一書中(註二)，我曾說：

「有一次，一個三歲的兒童和他底父母坐在火爐旁邊。他開始對他們講他底幻想的同伴底冒險故事，他越講越起勁，他底父母似乎是在聽他講。他母親底兩個眼睛釘住他兩個眼睛望着。正當他差不多要講到那故事底最動人的地方，他母親忽然對他說：「到這兒來，親愛的，讓我看看你底眼睛，我以前並沒有注意到你眼瞼上有那個小點子；爹爹，你看，那一定是個痣」。於是他父親便去注意，後來他們就開始談論痣了。即使他們曾經聽到這小孩所講的故事，現在經過這一次打岔，也要忘記了。這兒童是何等地失望!以前他以爲他父母這次一定是在注意聽他底故事並且和他共同欣賞它。現在他才曉得原來他所認爲世界上最重要的事,在他父母看來,其重要還不及他眼睛上的那個斑點。

「可憐的兒童!他毫無辦法。他們是父母;他們這樣地高大,這樣地強壯,這樣地令人驚奇,並且他們所知道的東西又是這樣地多。他是柔弱,微小,而不重要,並且他所知道的東西又是這樣地少。

「蒂萊是個九歲的女孩。有一天,當她和她家裏的人同在桌上吃飯的時候她向大家敍述她日間所經驗的事情:「眞是一次驚人的發球,藍隊底球員呼叫,紅隊底球員也呼叫。我們這一邊是藍隊,我們叫得比他們還高些。當瓦爾頓跳到空中搶球的時候,紅隊底球員正從地板上爬上來——」她才說到這裏,她母親便插嘴說:「啊喲!蒂萊,女兒,你就是那樣的髒頸子到學校去了嗎?」這女孩聽了這句問話,腦中發球的印象立刻便完全消失了;她底快樂的情緒降爲悲哀的情緒了。她底精神受了委頓,她底靈魂遭了打擊。她母親對她鹵莽,無理,粗野,殘忍,不仁。也許兩分鐘之後,這個女孩會挨罵或受嚴厲的責罰,假若她急着要問她父母什麼事情而打斷了他們底話頭」。

關於兒童的問題,我們往往代他答覆。當他和成人談話的時候,我們總會去抵觸他底談話,使他底話沒有說完就終止了。有一個青年女子曾說她家父母從來沒有允許她說完過一句話。我們確信我們代替兒童答話要比他們自己答得好些。既然我們常常關心家庭名譽,生怕別人對我們社交印象不好，所以有客人向兒童問話時，還是由我們代替他們回答要穩妥些。同一道理，丈夫替妻子說話答話，而妻子慨然允許她底丈夫這樣做，也是比較妻子自己向客人答話要妥當些。我發現當我到鄉間拜訪親戚時，我底親戚常常替我說話，而當他們進城來訪我和我底城裏朋友見面時，我也同樣用替他們說話。

父母如何替兒童答話

關於代替兒童答話這件事，我做得也許比大部分的父母還要壞些，因為我曾經有許多次觸犯了兒童底意思。舉個例子說明如下：有一次，當我將到我底家庭醫師那裏去看病的時候，我底十七歲的孩子對我說他因為足趾生了毛病也要去。去了之後，我底病剛剛看過，正輪到他看足趾的時候我卻又對醫師說他的病狀然後我就馬上控制了自己，並且向這個孩子表示歉意地說：「我想足趾是你底，你當然知道得清楚些，你自己向醫師報告好了，因為這樣我們也許可以把報告縮短些」。他實在是比我知道得清楚些，而且他能把足趾的病情說出來。當醫師診斷和治療他底足趾時，雖然我在旁完全不做聲，但我覺得完全不做聲是很困難的，我忍耐了多少次，當我將要自動地貢獻一點「卓見」的時候。

我有幾個奇特的朋友，也許他們並不奇特。我常時聽到他們當我底兒童底面問我關於我底兒童底事情。不久以前，有一個受過高等教育的女士閒坐在我身旁的我底八歲的孩子多大年紀另外一個發問的要想知道我底女兒進中學幾年級,這時我底女兒也在面前。又有一次,我底十七歲的孩子站在我旁邊時,有人向我問他到什麼地方去進大學。我們當父母的若常常替兒童回答像上面這類問題,那我們就觸犯了他們底意思。一個十歲的女孩,別人問她多大歲數,她很少有機會自己回答,總是她底父母還沒等別人把問題說完就替她代答了。這女孩倒頗有禮貌,不去打斷她父母底話。這種情形會使得兒童天天繼續不斷地想着他自己不及大人。倘若他隨便地聽從大人底話,那大人便認為他行為很好,而他底「不及大人」的情緒就格外顯得厲害了。他就格外不快樂,格外不歡喜了。倘若他表示怨恨大人替他答話,那大人便認為他行為粗野,雖然這樣的做,對於他底人格和智能的長成是比較很有益的。

兒童當衆演說

有些父母,當他們底兒童還僅僅是嬰兒時,就渴望兒童當衆演說或唱歌。除非是在演說會裏演說和音樂會裏唱歌,這種辦法通常總是不妙的。也許有些兒童是天才,在很小的時候就當衆唱歌成表演音樂而得到鼓勵,不過這種天才究竟是鳳毛麟角,縱然以這種教育能使他們造成音樂的天才,但是他們卻不能希望養成可愛的人格大部分現在在無線電旁廣播唱歌的兒童,無疑地,將來總會得到許多不快樂的收穫。

父母很容易愚昧自欺,以為他們底兒童是神童;像存着這種觀念的父母,要有一個心理學家來指導他們才好;因爲心理學家一定會警告他們,叫他們不要使一個縱然具有眞正天才的兒童去自矜自負。

一個驕傲的母親常常要她年幼的兒童當衆誦詩,跳舞,或唱歌,雖然他底能力很平常。這個母親底動機(她自己也大概不知道)並不是要發展兒童,而是要滿足她自己底虛榮;她希望當場的客人對她底兒童讚賞,而客人往往也只好這樣做,雖然他們覺得他討厭得要死。

一個兒童既然這樣地得到了觀衆底注意,於是他格外希望別人注意他,甚至要求人家注意他,漸漸地他會堅持在同伴面前作此種表示,而不顧他父母給他的批評和客人對他明白地表示不安,等到最後他成了一個令人生厭的傢伙,人家不睬他,那時他底痛苦才難以形容哩。這個兒童在嬰兒初期是那樣地自誇自炫,後來也許會發生卑遜情感。

一個六歲以上的兒童在家中被父母命令在許多客人面前誦讀詩文,這種情形是最可憐的。平常這種不幸的兒童總是一個獨生子。雖然客人不得不爲他喝采,但是他們底態度和眼睛卻不知不覺地現出厭惡不安的情緒。當兒童看出客人這種反應的時候,他就感到非常不舒服。最後他也許不願爲他父母底虛榮做犧牲品,寧可忍受他們底逼迫、哄騙、誘惑,而不願再做他認爲是一種幼稚的勾當。

兒童節與聖誕紀念節目單

主日學校（Sunday School）每逢聖誕節和兒童節這種機會的時候，便到處附送一種遊藝節目單，於是那些剛能說話的兒童便被人拿來當衆表演，給成人取笑，使他們愉快，滿足他們底虛榮心，平常兒童練習表演總是在家中表演或表演給他認識的熟人看；現在叫他出來在演講台上表演給大衆看，那他定會爲觀衆震駭、驚訝，而恐慌。如果當時在台上他楞住了，把背誦的詩文忘記了，或他底動作現出過度的不安定，那麼那些成人觀衆就要大聲發笑，這便更加使得這可憐的兒童受窘。慶祝耶穌聖誕，反賜禍給年幼的兒童，使他們在他們「異教的」父母面前做犧牲，而這般父母又和別的觀衆一同公開地嘲笑他們，使他們柔嫩的人格受損害。這種舉動眞是荒謬之極！自稱爲基督徒的人們不知什麼時候才將這種野蠻主義廢棄呢？

通常所舉行的聖誕節和兒童節的遊藝是應當廢除的，假若宗教教育家和聰明懂理的父母們能夠了解兒童在台上表演時的情緒及成人底嘲笑是如何地損害他們底人格，那麼有許多的兒童便可從這種野蠻的苦刑中得救了。自然那些負責主持遊藝的人並沒有意思要傷害兒童，他們而且是世界上最仁慈最可愛的人；他們從未想到他們所做的事對於兒童是有損害的，他們只想着他們所做的是一種眞正的宗教儀式。

有時候在聖誕節的下午或晚間，主日學校總要召集附近的鄰居來敘會一次，表演幾種遊藝給他們看。那些到會的鄰居大半都是兒童底父母，我們都希望這般父母看兒童表演時能夠和兒童表同情，但是他們只要看出兒童表演顯露一點點不自然的地方，他們便發笑了。從另一方面講來，這種公開的表演，對於年長兒童底戲劇技藝，卻能供給大量的刺激，因爲年長的兒童藉着參加那種表現團體創造和團體活動的「公開演戲」與「教室表演」，可以訓練良好的語言。有些頂小的兒童似乎從個人的公開演說中也得到了益處；他們在那些使他們覺得可怕的聽衆面前得到了鼓勵，在這種艱難的經歷中，他們是一個強者。不過同時，不知有許多其他懦弱的兒童卻做了犧牲品。如果我們成人聽兒童演說時能夠訓練自己做個和兒童表同情的聽衆，那麽年幼兒童底公開演講便可證明對於他們底語言和人格是很有益處的。

說話與用手

關於說話和用手，已經有許多人發表過意見和寫過文章了。假若我底兒童一定要用左手，我要不要叫他改用右手呢？不要。

話又得說回來，用左手的人，在別人看來，覺得很笨拙，而且他自己常常感到各種不方便，因爲一切傢具都是爲用右手的人做的。這是確實的；然而這種明顯的笨拙和不方便所予兒童因情緒的煩惱而受到的損害，其程度並不及我們若要生來用左手的兒童改用右手的損害那樣厲害。

你我都知道干涉兒童用左手這種天生的傾向會產生許多悲劇的。假如你能得到一百個結舌和口吃的人，那麽你就可在他們當中發現用左手的人比較在隨便選出的一百人當中發現用左手的人還要多些。這是一種已證實的事實。心理學家們均一致主張勸告父母不要干涉兒童用左手，他們底理由是干涉用左手會引起彼此感情的衝突，有些心理學家主張人底腦部底語言中心（speech centre）與手的動作中心（hand-motor centres）有密切的關係，雖然這種關係還沒有可以使人相信地建立起來。

我們由常識可以知道，凡是常用左手的兒童，如果一旦大人永遠禁止他再用，那他就感到苦惱。現在一般有良好制度的學校裏的監督已經勸告教師不要強迫用慣了左手的兒童去用右手寫字。

我曾經勸告那些父母和教師們，他們底神經質的兒童是用慣了左手而在學校裏被迫改用右手的，隨他們底兒童的意思覺得用哪隻手最方便就讓他們用哪隻手，結果這些兒童都改用左手寫字，並且表示復用原手之後，從他們底快樂、一般的動作、及情緒的控制上都可以看得出進步來；又他們從前說話感覺困難，現在說話卻有了很明顯的進步。自然，這改用原手不過是使他們得到安慰的一種因素而已。

現在讓我來總結地說一下：（一）如果改用右手會很明顯地引起情緒的苦惱，那我們就不應當叫兒童改用右手，還是讓他用原來的左手好了；（二）就我底「管見所及」，我覺得改用左手沒有不引起情緒的苦惱的；（三）論到兒童「用手的問題」，我相信做父母的和當教師的假若能夠少管閒事，那世界上就要減少許多麻煩而會多出一些快樂的事情來。

語言缺點的改正

每個兒童在他語言發展的初期，似乎都要遇到一些困難。例如：有些子音像r、th和s都使他發音時感到困難。甚至進了學校之後，他對於某個字母的聲音還發不出聲來，而用別個字母的聲音去代替，或把這個字母的聲音省去不讀，譬如用th代替s，用f代替r，用tsh代替th和用t代替tsh（註二）。人們往往以爲這種語言上的缺點是牙齒生得不整齊或上顎發生變態的關係，其實這種缺點多半是由於兒童與別人情緒上發生衝突時所養成的一種發音上不正確的習慣所致，不幸得很，別的兒童，甚至成人，還要嘲笑這種語言錯誤的兒童，或用半玩笑和半親愛的態度故意學他錯誤的發音，這樣便使他說話時有所不安而不自如。無疑地，這種錯誤可以改正過來，如果沒有人使兒童自己注意它。

假如你想幫助一個兒童（假定他是個四歲或四歲以上的兒童）改正這種錯誤，那你就要順全事實，用安靜的態度和他表同情，不要使他覺得自己底困難而感到羞恥，當他發出錯誤的語音時，假使沒有別人在面前，而他不討厭你打擾他，那你就隨即改正他底聲音，只改正他底聲音，不要說別的，如果他願聽你底話，那他就要跟你學那正確的聲音或試試你那正確的聲音。

改正語言錯誤要有社交勇氣

假若他跟你學發音而仍然發不準確，那你就把舌頭和嘴唇動作給他看；倘使他不願意這樣試，或試不出來，而希望不再試，那你就使他去注意別的事情不要再試了，以後等有較好的機會再試。若是連試幾次都失敗了，那就把這種辦法整個地放棄幾個月再說。某大學的一個一年級學生常常用ㄊ代替一切以ㄧ起頭的字底聲音，後來別人把這種錯誤指明了他，於是他深信在十分鐘之內他就能改正過來。幾星期之後，他果然把這種毛病醫好了，他告訴別人他底改正和成功，自己很滿意。

這種簡單的缺點甚至在兒童初進學校的幾年之內還不能改正，因此，這不幸的兒童就要受同學們極力的嘲笑。這種缺點越長久拖延下去不能改正，便越使得人家注意，而且它還常常顯示發育遲緩的現象。甚至當兒童不確知爲什麼別人對他發音不正確而發生反常的反應的時候，我們去注視他底改正錯誤也會使他感到不安而覺得不如別人。

口吃的流行及其性質

瓦林博士（Dr. Wallin）曾拿聖路易（St. Louis）學校底兒童作過一次研究，他發現他們百分之三是在語言上有某種缺點的；千分之七是口吃的。口吃的男孩子約比口吃的女孩要多五倍，這是什麽緣故，我們卻不知道；不過我有這樣一種觀念：男孩子因爲怕別人說他膽小，便把恐懼的情緒極力壓抑下去，比女孩子壓抑得更利害，所以他們說話便口吃了。

布闌頓(Blanton)和布闌頓(Blanton)討論口吃說（註三）：

「語言是一個人適應別人的主要媒介；它是他與人類接觸的主要方法。假使一個人遇到一群人便發生半意識和半潛意識的恐懼時，那他就會口吃；故口吃是恐懼所引起的。兒童怕見群衆，但他又想見群衆。他願逃開人多的這種情境，同時若是可能的，他又願遇到這種情境。因爲這兩種一時想逃開一時想遇到的趨勢在互相衝突，於是便產生了一種折衷的辦法，這就是兒童當着群衆底而既說不出好的語言來，又不願不說，結果只有說支離破碎斷斷續續口吃的語言。

「我們研究口吃兒童底情緒生活，常常會發現幾個下面這樣的缺點：（1）膽怯；（2）強烈地感覺「自己不如別人」；（3）過於依賴父母；（4）自覺不能適應外物。在某些情形之下，我們看出兒童對於生活的態度很嚴肅，不願改變飲食和睡眠的習慣，過於易受暗示，常常怕遇到某種群衆，或情境，或一種緊張的敏感」。

有時一個口吃的成人也許用機械的訓練可以對他有幫助或確能把他口吃的毛病醫好。這種機械的訓練是：作有節奏的呼吸練習發音而指導發音的人須獲得患者的完全信任，那就行了。不過甚至這種效果主要的成分還是心理作用。有些口吃的成人和朋友談話時，朋友見他們吞吞吐吐地說不清楚，很覺不安，便叫他們停一停再說，或慢慢地說，這，對於他們也是一種臨時的幫助，不過，假若他們的年紀愈輕，那這種辦法對於他們就愈沒有好處，

自然地，你說有時一個口吃的兒童可以從機械的訓練得到幫助，這是對的；不過自從得到

這種幫助，他口吃的毛病雖然好了，但以後仍要復發的，除非我們把他底情緒環境（emotional conditions）改正過來才行，因爲在那種情緒環境之下，他口吃的毛病才會發生而逐漸加深的。父母如能相信這種做機械訓練的專家，那他們不會去煩惱兒童，而且會多多鼓勵兒童，同時這專家也可以告訴父母和教師在學校和家中如何減少兒童情緒的緊張，像只這種情緒的安慰便足以治好兒童口吃的毛病。當患者因遷移地點而得到助益時，我們如把家遷移到別的地方去住，使他離開家庭、鄰居和學校底煩擾，確能使其獲得情緒上的安慰。可愛的露宿生活（camp life）對於口吃的兒童是有很大的益處，因爲這種生活使他不用練習正式的說話而可以很恬適地適應別人，又使他覺得社交往還能夠應付自如。

我們當父母的對於防止兒童口吃，負有很大的責任，而對於改正兒童口吃的毛病，又有很多的機會。實際上每個兒童初學說話時，總會有點口吃，實在一切人都有口吃的可能。當兒童說話口吃時，你和別人在他面前都喜歡用眼睛注意他底嘴，這種反應格外增加他說話的困難，使他覺得越說不出話來。你要自己練習莫去注意他，好像沒有這回事一樣的。假若他說話時，你臉正對着他，那你就以安定的神氣用眼睛注視他底眼睛。如果你知道他正在吃力地要說某個字，你就應不經意地替他說出來，叫你底朋友們也練習這樣對待他，他說過一句話，不要叫他重說，不要叫他「停一停再說」或「不要這樣說得快」。你只要耐性地聽，以爲他所要說的東西都可說得出來。在他面前，你要表明你底態度是泰然自若的。最後你還要練習使自己說話溫和，用低微的音調說，不要與奮，要避免不必需的嘈雜。這樣一來，你看兒童說話便不會激烈而感到疲倦了。

口吃的兒童要有強健的身體

口吃的兒童要養成強健的身體，要有充分的休息和睡眠，飲食要好，而且要有按時吃東西的習慣及一些其它常規的習慣，能夠這樣了，他才可以極力小心照應自己，不須別人管束而能自立。

一個口吃的兒童會被無知的人認爲是有神經病。其實，他也許是營養不良，你可以和你底醫生合作使他身體強健起來。大人一旦能夠好好地注意兒童底生理狀態，那麼這位醫治兒童口吃的語言專家，可不須再和兒童接觸，而最好由兒童底父母（父母以及他們家中別的成年人）教師和其他一切參與指導兒童的人們去執行治療的方法。倘須和兒童去拜會朋友，對於他是有益處的，雖然與他底語言無關；不過要那和他同住的成人指導才行。作者雖有能力幫助醫治口吃的兒童，但還沒有親自經驗過；有些口吃的兒童甚至還不曾看見過，可是他們底父母卻已經「應付」過了。

在有些極端情形之下，一個口吃的兒童應當在床上睡幾天，或應當白天睡一兩次覺。晚飯前從外面遊玩半個鐘點或更久些回來，獨自消磨時光或者舒適地躺下休息，對於他也是很有益處的。家庭親屬必須有一個整個的計畫，安靜而愉快地領導兒童以使其有所安樹。

我們要把「口吃」當做一種情緒的困難看待。把它認爲是一個人格上的問題。你培養兒童快樂可愛的人格所做的任何事情，都能幫助使他說話不致口吃；假如他感覺口吃的痛苦，那就可以幫助使他口吃的毛病痊愈。

（附註）

註一：現代父母（The Modern Parent）自十六頁至十八頁；一九三〇年紐約 Greenberg 出版。

註二：布閉頓和布閉頓所著兒童指導（Child Guidance）第八頁；一九二七年出版。

註三：見所引前書第一〇九頁。

第七章　家庭的安適

爲着要享受精神的健康及得到快樂的人格，兒童必須覺得自己是家庭中的一個有價值的分子，他必須在家中感到安適。

此種安適底必需條件就是父母應有美滿的姻緣。彼此有眞正愛情的父母，雙方體貼入微，相敬如賓，他們不要從兒童底愛或稱教管兒童以求滿足他們不知不覺的和未實現的慾望，他倆既是互相關懷各人底安適，自然也就替他們兒童底安適造成了一種良好的環境。

夫婦兩人底人格是極不相同的。不論他們底教養是如何相同，但他們兩人總有些不同的地方。他們對於許多東西，各人底看法不同；他們在許多事情上面，所感覺到的和所想到的，都不相同。他們有了兒童之後，彼此間的思想感情以及對於兒童的思想感情，都會加倍地各異其趣。

夫妻兩個能夠和衷共濟地主持家務，教養兒童，他們就是理想的父母。

一些人性上的障礙

一個地方有了兩個勢均力敵的首領，而且他們所負的責任又是相同的，那就有許多的問題會發生。不知不覺地，各人都想大權獨攬。並不是有意想爭權奪勢，不過是要提醒對方，叫他認識我底本領比他強些；甚至在雙方都極不願這種鬬爭發生的時候，而鬬爭仍是進行如故。我們結過婚的人，夫妻間的競爭，真是可怕而又奇怪。

人類天性常常違反我們最可愛的理想。愛權力、愛自主、以及我們個人的驕傲都是我們內心極大的衝動力，它們在暗中活動，而我們自己卻一點不曉得。所以我們必定要小心謹防它們，因為我們不知它們在哪一分哪一秒會溜隔到我們身上來，不過我們確信它們總會來的。

我們結過婚的人底最重要的目的就是要認識我們是具有各種不同觀點的各種人格；更詳細地說，就是夫妻要常常設身處地的為對方着想，以己之心度人之心；拿自己底耳目比對方底耳目。

夫婦兩個要有運動家底精神

我們若想游戲，就要細心遵守一個具有運動精神的人所應遵守的各種良好規則。當你走棋，打高而夫球，或作紙牌游戲時，你要常常顧及別人，那和你一個游戲的人。不公平的便宜，你不要占。勝利了，你不要以惡意的歡喜而注視別人；失敗了，也不必發悶氣。你只誠懇地努力做個良好的競技者。你寧可失敗，不要得不公平的勝利。每個游戲者對別人能表示謙讓，那麽大家就有了「你請先」的精神。若是沒有輪到你游戲，你就游戲，或者你稍微犯了一點游戲的規則，而被人發現了，那你就要謙和地請別人原諒，並且立刻退回去表示自動地改正了。

一個理想的妻子和一個理想的丈夫，也要做良好的競技者，兩人游戲要公平到底，自己底錯誤一被對方發現，就要立刻自動地認錯，自己太快了，就要立刻表示道歉，立刻和解了事。我們也許沒有人能達到這種理想的地步；但達到這種理想的地步似乎是值得我們努力的。

在走棋、打高而夫球、和作紙牌游戲時做良好的競技者，比一對夫妻在家庭生活的游戲中做良好的競技者要容易到許多倍。實在地，一個人和別人底妻子或丈夫作紙牌游戲比和自己底妻子或丈夫作紙牌游戲時要格外容易表現自己像一個運動家。這是何等地奇怪！如果一個男人和他底妻子在日常關係中缺少運動家底精神，那麽遇到彼此最需要互相表現運動家底精神的地方，兩人甚至都不能像一個運動家了。

當你我和另外一個人（他不是我們家中的一分子）遊戲的時候，我們要借助習慣來訓練我們，不要冒險破壞大家公認的游藝規則。我們要得到人家底贊同，要怕人家不贊同。

對於這種情形，我們也許沒有注意，但是我們對於別的男人和女人底贊同和不贊同卻比我們底妻子或丈夫底贊同和不贊同要格外容易感覺些，如果我們願意的話，我們對於鄰居底妻子或丈夫，比我們自己底妻子或丈夫要格外客氣些——我們不得不這樣，否則，我們便失掉我們社會的地位了。我底妻子到底是我底妻子；她底丈夫畢竟是他底丈夫。我們各人肚裏有數，彼此「心照不宣」。我們有時彼此盼望對方允許自己把武士的氣概鬆懈一下，把遊戲的規則破壞兩條。這種事情如果發生是多麽奇怪！發生了又是何等不幸。

而且，走棋、打高爾夫球，和作紙牌遊戲的規則都是很簡明的。一切好的遊戲者都能正確地知道那些規則是什麽，而每個遊戲者是很容易知道在什麽時候他已經成了個良好的運動家。但是，在這種關於夫婦父母的人生的遊戲裏面，其規則卻不像普通遊藝規則那樣簡單，那樣容易認辨，因爲世間沒有專論這種規則的書籍。常常兩個人在一塊遊戲，這一個確信自己玩得很公平，而那一個卻以爲他不公平。用理性來判斷便可決定疑點究竟在哪兒；但是正當遊藝鉤心鬭角地進行的時候，我們就少有理性，或簡直沒有理性了。那時我們只用情感來作判決，我們一受了情感底引導，我們天生的衝動力像驕傲、愛權力、好勝，就在我們和別人競爭的瞬間一齊自由活動了。這時我們底行動卻不像一個有思想有教養的人底行動了，我們確實不完全像個運動家。

我們若要有親愛和睦的生活，那麽唯一的希望就是像我們遊戲一樣，要大家從容地坐下來，把各種「遊戲的計劃」放在面前，再討論目前的遊戲，使大家贊同所定的規則應當是些什麽，如何才算犯規，又要定出我們將來在同樣情境中所要遵守的規則。如果我們希望做得更聰明些，那就要把目光放遠點去計畫；在另一個「遊戲的計畫」沒有進行之先，我們要暫且採用舊有的規則，所有這些規則自然是讀起來和寫起來要比做起來容易得多。

在兒童面前父母彼此要和諧

父母爲了兒童底安適起見，彼此只可在暗中發生齟齬；不過當着兒童底面，他們意見要互相一致才好，因爲兒童聽見父母爭辯，姑無論所爭的是什麽，總會感到不舒服；假若他們是爲他而發生舌戰，那就格外令他感到萬分不安。他不能夠侍奉兩個主人。他不是恨這個而愛那個，就是服從這個而捨棄那個。小孩在飯桌上態度不好，偶爾怪吃飯太慢，俾百計書和阿衛百特夫拉會——這都足以引起父母猛烈的爭辯。父親（或母親）要這樣主張，而母親（或父親）偏要干涉他（或她）。他們雙方都歡喜得到兒童底擁護這個態度嚴厲一點，那個態度便鬆懈一點。這個要堅持着這一方，那個就堅持着相反的一方兒童和父親（或母親）說出不聰明的詭計來反對母親（或父親）等到以後不可避免地發生種種變化時，大家又非常懊悔而感到不安。兒童在父母爲他而爭吵時所受的痛苦，是沒有人知道的，除了他自己。他當時不能使他父母趨於親密；反使他們底感情破裂，像這種種事情起初是很小的，而且是無甚關係的；但後來往往都演成了悲劇。

有時一個家庭裏面並不止兩個意見衝突的主人，還有一個第三者，這就是親戚，親戚也可以使兒童處境愈加困難，增加兒童不安適的痛苦。又有時候，兒童是處在更多的首領之下，而這些首領每人都想盡力地或不知不覺地爭攬大權，有一種兒童運氣很好，因爲他只養成一種有系統的習慣的行爲去應付那些負責指導他的成人。

兒童在父母離婚時處境的困難

父母爲了教管兒童，互相爭吵，使兒童處於無人負責的境地，感受痛苦；他這種痛苦有時可因父母的離婚而免除，但是這離婚往往又會增加這小可憐蟲底煩惱，因爲最不幸時法庭會判決他交給他離了婚的父母雙方公叢，叫他一時跟父親生活，一時又跟母親生活。他母親（或父親）極力想得到他底愛，使他對父親（或母親）發生惡感，這對於他是件多麼可怕的事！當他受他父母（從前他向他們求過愛和保護的）蹂躪，並發現他們另尋新歡的時候，他會產生怎樣的情緒呢？

也許法庭像梭羅門（Solomon 按梭羅門爲依色列族之明君，本文有自作聰明之反面語氣）一樣，認爲把兒童分給他父母是一件容易的事。但是這對於兒童本身又怎樣呢？離了婚的父母雙方都承認愛這兒童，寧願把他分做兩半，一人分一半，卻不願犧牲他們個人的驕傲，這眞是件驚人的事！一個離婚者底最大的愛就是莫過於認定放棄他底兒童，將其讓給對方，而不顧犧牲他。自有一天，法官執行法律，不會爲情感所阻礙，如分離了的一對父母底情感一樣。法官能不徇情，所以他首先覺得爲兒童——他底精神健全，他底人格，他底命運——着想。

父母計畫兒童底將來

有一種兒童是幸福的，因爲在他沒有懷胎以前他父母就需要他了；等他出世的時候他們談話、做夢、計畫，都是爲的他。他們常常爲他商計種種習慣、標準、及理想的問題，有時又由觀察而估量他們自己所做有關這種種問題的錯誤和成功。他們每人在這裏作些犧牲，在那裏又想抑制自己，兒童一而生長，他們便一面研究他，他們爲着兒童底發育，常常迅速地改變自己生活的方法。他們一再決定他們所要指導兒童的是些什麼東西，他們要做的和不要做的是些什麼，他們要培養兒童哪些習慣、態度和理想，又要免除或改變兒童那些習慣、態度和理想。他們應付父母的職務如同應付挑戰一樣，以爲在這種職務上可以有機會得到創造力和快樂；他們常常想使兒童終生有身心的健康，讓他們底本來的機智發展到最大的限度，假若能做到這步田地，兒童便可得到一種快樂可愛的人格了。

但是我們做父母的雖甚是人，而非超人，我們難望做到像上述那樣有價值的標準。然而，我們喜歡自認我們是有意志和理性的，我們天賦有改善人性弱點的能力。我們自己確信我們有品格，我們能聰明地爲兒童和自己謀幸福。所以我們最大的快樂就是向上努力。自然我們不敢苛刻自己，否則，我們便會後悔而灰心。總之，有許多父母已經在夫婦適應方面及指導兒童方面都享到成功的快樂，所以他們能夠繼續不斷地向上努力。

父母底社交關係

我們底兒童能否感到安適，也要靠我們做父母的底待人接物的方法而定，我們日常所接觸的人有交通人員、鄰居、家僕、僱主和僱員、商人、兒童底教師和遊伴、我們底教友、會友和社友。我們底兒童觀察我們和這些人來往，聽我們談論這些人；他們若認爲我們煩擾別人或對別人有失禮之處，或遭遇失敗和受人斥罵，便非常感到不安。

孟林爾格（Karl Maninger）告訴我們（註二）：

「有些父母不斷地怨訴他們底不幸，把自己底所得和自已底機會與鄰人底比較，表示他們底嫉妬、不樂和失望。他們甚至進一步而自怨自艾，或怒目鄙視他們所忌妬的朋友」，

又有些父母，尤其是祖父母，老是抱怨觀，常常表示對家庭將來的憂慮；對當代人心叵測的憂慮，對青年剛愎自用的憂慮；他們告訴別人他們對未來世界的恐懼。

父母底適應

我們個人對於整個環境的適應能影響兒童底環境，在他底環境裏而包括有：1. 我們底公民態度，我們底宗教和人生哲學；2. 我們在家中的日常習慣；3. 我們能用最少的腦筋與辛勞而巧妙地處理日常事務的程度；4. 我們在家中往來操作和在外面辦公退公所表現的緊張與休息；5. 我

們所作合理的休閒準備；6. 我們底姿態和自制底程度；7. 我們防患於未然及避免患難的能力；8. 我們以安定而有效的態度應付失望和挫折及以冷靜的頭腦處理意外之事的準備。以上所述都能幫助我們決定一個兒童在家中將要感到如何的安適

還要加說一句，就是我們做父母的雖然好好地應付人生，但還是要遭遇種種失敗，這種種失敗不但會替我們底兒童造成不好的環境，而且會如卜勒特博士（Dr. Pratt）所提示我們的，有一種強大的誘惑又生存在我們兒童底和我們自己底挫敗的生活裏。

只要我們做父母的替兒童所能做的任何事情可以產生希望、信仰和「諸事迪吉」的空氣，便對於兒童底「安適之感」有所幫助，不管這兒童底年齡是十六歲或僅只兩歲。

父母有一種奇怪而有害的傾向，就是夫婦兩人這一個要煩擾那一個或煩擾兒童，而正當那一個或兒童在煩惱易怒的時候。例如：當我底妻子比平常不高興時，我卻要做些比往常還多的事或說些比往常還多的話去激怒她底情感。當時一句溫柔的話就可息怒，不過那溫柔的話卻在一個緊要的關頭為憤怒之詞代替了。當時的情境需要溫和從容，而我們反易激烈暴燥。當我們應該和藹可親的時候，我們卻在煩燥惱怒。這完全是奇生底行為。為什麼人類會做出這種行為來？我底妻子因我做錯了事或說錯了話，在我面前惱怒，她底態度使我難堪，顯出不如以往那樣的尊重我。既然我是她底丈夫，我所說的話以及我在她跟前當然可以使她安靜些——所以我不知不覺暗中擺起架子來了。因為我若不是這樣，於我底自尊心便有損傷。於是我發怒了，便想出她底某種缺

點或過失而把它說出來，結果她底不快樂的情感格外被我激怒了，因此她也更加惱我。

這對於我底兒童也是一樣的。有一次，我底名叫彭麗琪的女孩子將要到學校去時候不早了，而外面又有一個鄰居帶着車子在等她「喲，我底代數練習本呢」？她急忙着在尋找它，當時的情境漸趨緊張，她非常煩惱。假若我不小心，我當時將怎樣辦呢？你從你底經驗裏也可知道這種情形是的。也許我略略幫她尋找，不過我會用悲哀的聲調勸告她道：「我以為你昨晚上就把這些東西預備好了」。我時刻把這句含有罪過的情緒的話用各種方式重複地說着，直等她找到了或沒有找到那練習本而去過學校時為止。而她到學校裏會感覺一天不快活。任何父母在夫妻之間或對子女說出這樣幼稚的話來，都是為一種衝動所激起。這種衝動就是「自我痛快」。他們傷害那希望得到他們幫助的人底心情，莫過於說這樣的話了。

兒童愛護家庭和效忠父母

父母在家中着重地訴說祖先底種種傳統和事業，對於兒童是有良好影響的，如果因此而能鼓勵兒童盡力保持這種種傳統，並不使他養成勢利的眼光的話。父親敘述母親家中的傳統和母親敘述父親家中的傳統，於兒童都是有益的。不過這種辦法對於兒童底人格確實也有危險。

有些兒童看見他們底父母已經達到顯貴的地位，便發生強烈的卑遜情感。一個兒童也許認為自己達到他父母那樣顯貴地位底可能是一個失敗的夢想，如果他老早就未能效法他父母底步伐做去，而時常爲他們已經走過的路線所提醒，於是他對於普通的成就都覺得無望。兒女見父母底顯貴是自己努力所造成的，他們便想得到機會，努力奮鬬，以求達到或勝過他們父母底地位。假若其他一切的條件都是一樣，那麼這種父母對於他們兒童頂小的失敗和過錯都很少表同情。另一方面，那般不能和祖先媲美的父母們，爲着補償自己底缺點便鼓勵他們底兒童去達到與祖先並駕齊驅的地位。

我們要兒童對於家庭和鄉里具有一種自尊心和愛護心。假若兒童覺得他底家庭、團體、或親愛的人是可恥的，他便甚至不能夠從這家庭、團體和親愛的人裏面最好的人跟前得到幫助。兒童底這種態度可說完全是從我們跟前獲得的。父母如果因爲感到沒有美滿的家庭，良好的鄰舍，値錢的傢具，漂亮的衣服，好吃的食品，而常常對朋友或親戚說抱愧的話，那他們底兒童一定會看不起他們，而厭惡家庭的環境。像這種父母是令人討厭的，他們這種態度所產生的罪惡是精神方面和情緒方面的，當兒童或成人覺得那些愛他的人和爲他做了許多事情的人是可恥的時候，他是何等地痛苦！他因爲這種羞恥而就相反的產生了那種不可避免的不忠的情感。

父母不能竭其力之所及地努力做人，兒童自然不得不認爲他們是可羞的。父母所做的工作就是要使自己的家庭値得兒童底效忠和愛護，其次就是要引導兒童自然地、習慣地、快樂地表現這種效忠和愛護的態度。我們底錯誤就是自私自利，並且以爲我們旣係兒童的父母，我們就可以用兒童必須行爲正當不可爲非作歹的責任觀念來強迫他們表現那些態度。

我們做父母的如何威脅兒童

我們做父母的不知不覺地會威脅兒童。我們是他們底父母——那是很重要的；而他們只是我們底兒童，似乎不足輕重。我們所做的事都是關係重大的，我們每天在工廠裏，辦公室裏，街市上，俱樂部中，或廚房裏，而他們只能到學校去，或在家裏玩。我們談論每天所做的事情，好像家庭的命運就依賴在這些事情上面一樣。我們盼望年長的兒童對於這些感覺興趣。假使我們不是這樣自尊自大，那麼，我們就要知道兒童爲他們自己做事，也如同我們爲我們自己做事一樣的重要。

「嘲弄」和「粗暴」會使受難的兒童產生卑遜情感。當你看見一個大孩子拿一個小孩子底帽子，把它拿跑了，或粗暴地推着一個小孩子的時候，你會非常地不安。但你不會很粗暴地對待你底男孩子和女孩嗎？你既是一個父親（或母親），你也許因爲看見他們發怒就苦惱他們，嘲弄他們。等他們高興而做出些「玩皮」的事，那時你又要正經地來責罰他們起先爲開玩笑所做的事了。

父親犯這種罪過或者比母親犯得多些。他們嘲弄兒童，爲着開心和兒童遊戲，等兒童玩得頂高興的時候，他們便不繼續下去，甚或抓住兒童，把他責罰一頓。父親也許對頂小的兒童說：「我現在玩過了」。但是兒童卻玩得不滿足。他也許堅持着還要玩，並希望他父親也再跟他玩。他不懂得他父親希望遊戲的心情忽然改換而爲莊嚴的神色了。

當一個男孩——或女孩——假設他是八歲或十歲，被人衆方才和他快樂地共同遊戲的一個女孩來嘲弄他的時候，「嘲弄」和「粗暴」自然是悲慘的事。這種嘲弄會使兒童發生「性的感覺」（sexconsciousness）使他把這類事情告訴別的兒童，因此便破壞了兒童兩性間的快樂的友誼和可愛的團結。成人若知道嘲弄兒童會發生什麼結果和恐嚇兒童會發生什麼危險，那他們就不得再犯這種罪過了；他們不會做粗淺了。

當父母猶豫不定的時候

我們自己反省，便看出自己有矛盾的傾向。我們今天對兒童所做所說的也許和明天對兒童所做所說的完全不同。並且，我們自己的事也許言行不符。我們也許教訓兒童誠實不欺，而自己卻做出扯謊的事情來使他們覺得我們是些撒謊者，我們也許把昨天認為算了的事，今天又拿來使他們受痛苦。我們曾經隨便允許過他們的事，後來又不答應。自然我們猶豫不定，並非是有意如此；而寧願沒有矛盾。我們之所以猶豫不定的原因，不是別的而是因為我們是人。

姑不論我們底動機怎樣，但兒童總為了我們底種種矛盾吃苦不少。我們愈是猶豫不定，兒童便愈不知道說什麼，做什麼，或有什麼事情會到他身上來。父母管束兒童，使他發生許多煩惱；這許多煩惱，都是從這種種猶豫不定的事情上面產生出來的。他只好「逆來順受」。但是當他一旦起了懷疑他底屈服的情緒便使他心中發生各種的衝突。兒童看着鐘上所指示他的時間去睡覺，比父母喊他應當在甚麼時間去睡覺做起來要容易些！因爲他知道他父母猶豫不定，而時鐘則不然。我們做父母的如能跟時鐘學學，那我們猶豫的心理便可減少些。

通常一般研究教育的人把關於「賞罰兒童，賞罰底殘忍以及因此而引起的傷心和生理上所感覺的痛苦」所要說的一切話都說過之後，惟獨將主要的一點卻遺漏不提。這主要的一點就是「不安適」。有關兒童幸福和精神健康的最重要的事，就是要兒童常常毫不疑惑地知道那些與負責指導他的人有關的事情會發生到他身上來。

重要的事情應先做

如果在兒童沒有把那牽涉管束或責任的問題拿來問我們以前，他就知道我們會怎樣回答他，這不是令他們很滿意嗎？因此他們會常常爲自己解答問題，而能獲得更多的自立精神，創造的才能，和更大的安適。

在兒童感到安適的家庭裏面，「重要的事情是儘先去做的」。平常因習俗或傳統而擴大的一些不重要的事情，在這裏是被減地化小了，而那些有助於培養兒童人格和品性的較重要的事情卻給以適當的處置。五歲的兒童不要坐酒席桌上。三歲的兒童可以把木塊和玩具放開來作築城，砌牆和造火車的遊戲。母親不要因爲害怕自己被外面進來一個客人看到了，便會發現她是個不好的主婦，就強迫兒童把尚未砌成的宮殿折倒或把已經建好的田舍毀壞。她要自願做個具有理解力和同情心的母親，不要嘮嘮不休地責備兒童，或強迫兒童今天學會幾種行爲，準備明天應付客人，又不要永久地強迫他做出客人所認爲一個兒童應該做的事。兒童不知要受多少意外的痛苦，這種痛苦的由來是因爲父母對於親戚或朋友底期望有一種神經過敏的感覺，而常怕他們對於兒童有所惡評。有一種兒童是幸福的，因爲他們底父母在仔細考慮究竟希望兒童做什麼和兒童要不要與別人往來，而他們對自己所規定的各種標準，又能嚴格遵守。

父母對於賞罰兒童的意見不一致

惟有對於兒童賞罰的事，父母底意見最不一致。父母也許是在家庭的嚴密管束之下長大的，而母親在家中卻很少或簡直沒有受過體罰。各人所受的教養不同，便形成了他們對於責罰兒童的意見之不一致。在他們底兒童還沒學會行走以前，他們每人對於賞罰之事，便各有獨到的見地爲了兒童底安適起見，聰明的父母對於賞罰之事，應該互相交換意見，以求達到彼此共同遵守的一種標準，因爲當兒童將受賞罰時，匆促之間哪有工夫來決定如何處罰哩？兒童應該知道父親准許他做的事，母親也會准許的，而父親認爲他不當做的事，母親也會認爲不當做。他又應該知道在父親面前做錯了事會受痛苦，在母親面前做錯了事也會受痛苦。一個兩歲的兒童，因爲在他母親面前玩火，挨了打，他便想若是在他父親面前玩火，就不會挨打；反之，在他父親面前玩火，挨了打，他便想若是在他母親面前玩火就不會挨打。我們試想這件事對於這個兒童究竟將有什麼意義；這很難使他以後知道不當玩火。

任何父母也不能預先知道在他們訓練兒童時所發生的一切問題，不過有一些基本的問題，他們卻能準確地預先知道。聰明的父母雖然對於別的一切問題無法實際理會，但是對於那些有關解決基本問題的方法，將應共同商定一些固定的原則；所以在種種意外的問題沒有發生以前，他們已能預先察覺，而有了應付的計劃：

有效的責罰有助於兒童底安適

痛苦是抑制人們的；快樂是鼓勵人們的。凡是引起快樂多而痛苦少的事情就會繼續地發生；凡是引起痛苦多而快樂少的事情就會被人避免。

我們控制兒童底行爲的方法是：1.使兒童做我們要他做的事情，做起來感覺快樂；2.使兒童做我們不要他做的事情，做起來感覺不快樂。因爲兒童對我們允許他做的行爲感到滿足，所以對我們不允許他做的行爲便漸漸減少了。

爲着獲得最好的結果，確定的標準是需要的。父母一定要把正當的行爲和錯誤的行爲，確確切切地使兒童分辨清楚。兒童底正當的行爲，可使他感到滿足，而錯誤的行爲，他就感覺不滿足。

有效的責罰是要使兒童腦中牢固地記得我們不要他做的事情或不准他有的行爲，而不要使他記得我們會責罰他所以此種責罰應當嚴厲地成爲客觀的和非個人的。我們對於兒童，尤其是年幼的兒童;應該趁早施行此種責罰;而當其施行時,不要以施行責罰的人底情感爲轉移,此種責罰不應延長下去,又不應像遊戲一樣在他心裏牽掛着。責罰不是累積的,不是不確定的,在性質和界限方面,它是特殊的;並且兒童將確實知道已在什麼時候已經完成它底任務。

使兒童離於忘懷的責罰

兒童做錯某種行爲,在受了責罰以後,仍存在着羞恥的心理,這對於他,是件可怕的事。我們不能判斷任何責罰是否正當,除非它是一種手段,使兒童將來不再犯這種已經受過責罰的錯誤。把兒童責罰之後,我們底言語舉止要表示完全沒有這回事一樣;要忘記他底錯誤的行爲;要把他底錯誤的行爲置諸九霄雲外;要記得那錯誤的行爲不再予他不利了。

然而這不是我們人類所能做到的。下面就是一個例證:奧斯瓦德是一個三歲的孩子,他因爲故意弄壞他妹妹底洋囡囡,受了責罰。當他父親說「你知道做個玩皮的孩子是要不得的」這句話時,他差不多已經停止哭了。等他眼淚才乾,德萊波爾先生進來拜訪他父親。德萊波爾先生說:「奧斯瓦德長成這麼大一個孩子了」。他父親答道「是呀,他長成這樣大了,但是我方才還責罰他一頓,因爲他把他妹妹底洋囡囡弄壞了」。

又有一個例證:有一個母親說她很感苦惱,因爲她底十五歲的女兒不愛她,又不相信她。她說:「我又不好責罰她,我唯一的辦法就是拒絕和她說話大約有一天之久,這樣便感動她了」。這個例證不須加以解釋，讀者自能明瞭。

甚至當我們並非有意想使兒童心中老記着他所受的責罰或使他在受責罰之後想起他底過失的時候，我們底容貌舉止好像也在令他想起他所受的責罰。兒童受過責罰之後，我們要想若無其事地和他談話或開玩笑那是多麼困難呀！

假設你是個父親，發現你底六歲的麥克有某種「性的過失」(sex delinquency)，或者假設他扯了謊或偷了東西。一小時之後，你坐在餐桌旁邊，把眼睛注視他，心中想着他底過失，他便把眼睛垂下，因爲在你底臉上他看出你在回想他底不好的行爲。當他底視線和他祖母底視線會合的時候，他認爲她一定在想着他是個不好的孩子，也許她是在這樣想。麥克底視線每次遇着他母親底視線時，他母親總是現出憂愁的樣子，甚至他底小弟弟似乎也知道麥克處境不佳。沒有一個知道麥克所處的困難的人注視他而不想起他底困難的。他自己知道這種困難而感到很不安適。他看大家都像不高興的樣子，都不像平常那樣微笑、大笑和說笑話了，麥克沒有勇氣說話。好像有個東西像罩子罩在他身上一樣。甚至以後幾小時或幾天之內，他覺得他底親愛的人們對他一舉一動都是異乎尋常的。他曉得他們一看見他就想起他底不好的行爲；也許有人又把他犯過的事情提起來，當他希望它完全被人忘記的時候。

這時麥克需要人家給他笑、愛和歡樂，使他重新生出自信心，努力作正當的事。但是他們給他的反應卻是那樣地使他難堪，不過這也不能怪他們，他們底反應從心裏發出來並沒含有任何有目的的部視的意思。他們只是這樣做，並無惡意，因爲我們人類都是這樣做的。同樣的情形和同樣的理由，社會對於犯罪的青年和成人也時常提醒他們，使他們知道自己是犯罪者；這使他們很難恢復「自是心」（selfapproval）和社會的安適之感。我們做父母的一旦知道了這種事實，我們自己就要免除對兒童人格、幸福和道德的成長的這種阻礙，我們要盡力幫助他們培養自信心，並使他們知道我們是關切他們的，他們做了正當的事，我們格外使他們快樂。在兒童犯了引起我們強烈的責難的罪過並已經受了相當的處分以後，我們就要使他們在往後幾天，幾星期和幾個月以內感到安適，使並他們知道我們實在是關切他們的，而他們已經獲得我們真正的愛護和同情了。這時我們對他們要比往常還顯出歡樂些，多和他們說笑話，常常和他們談話，鼓勵他們多說他們最感趣味的事情，幫助他們多享成功之樂，多得別人底稱許；我們還要毫無吝嗇地讚揚他們。

有許多兒童並不是因爲做錯了一種行爲，而是因爲長久地做錯了許多行爲，或是因爲一些連他們自己也不淸楚的原由，他們便自覺得不到父母和教師底歡心。這有時是他們自己錯誤，但往往他們是不錯的；因爲他們能夠從我們底容貌、言語、舉止中了解我們對他們行爲所表示的是與否的態度，恰當我們在不知不覺中莫名其妙地洩露着的時候。對於兒童，我們有一種強烈成癖的幼稚行爲，此種行爲正如一個四歲的小兒對他同伴說「我要對你發怒」一樣的幼稚。在這種情形之下，我們對兒童說話常顯出不好和不自然的態度；我們對他減少友誼的笑，也很少引起他發笑；我們說話的聲調顯出不如平常的溫和；我們向他表示他對我們所說的話沒有趣味；我們不如往常那樣地使他愛我們。

我們底幼稚的行爲，不知不覺地老在我們身上留戀、生長。我們若不提防這些妖魔，它們就要捉住我們了。當我們自覺楔響的時候，它們甚至會鬼鬼祟祟地在我們背後活動。

一種對兒童的幼稚態度

這裏關於何以頂好家庭的兒童有時是頂壞的一個問題，我們得到一個解釋：有一個名叫克爾文的人在悔過所（penitentiary 註—牢獄之一種）裏關了十年，他底父母在週圍數十哩以內是以人格高尚，熱心公益，和努力傳教而開名的。也許克爾文從來就不曾學習過「自制」的功夫，也許他幼年被父母縱容姑息，也許他結交了不好的朋友。不論這些原因是什麼，但我們確信它們已有了許多年的發展。它們似乎是犯罪的行爲，但其實並不是犯罪，它們是一些不良的態度和習慣發展到了極點的結果。我們又確信當克爾文底父母知道他們底孩子養成了各種不良行爲的時候，他們便常常責難他，不過沒有幫助他改正罷了。後來迫他越變越壞了，他們就格外深切地感覺到因他不良的行爲使他們在社會上得了污點，又因他們底朋友也嘖有煩言，於是他們對他底行爲就格外焦燥，使他感到甚不安，常常對他說「應當」「應該」的字眼，可是他們並沒有幫助他改正他底行爲使其做到他們所希望他做到的地步。他愈變愈壞，他們便愈覺惶恐，愈使他感覺他不能博得他們底歡心，於是他在他們面前更加感到不安適，他常常恐怕做了壞事，令他們煩惱和羞恥他由於習慣所做的事和他父母所希望他的格外背道而馳，直到後來，他慢慢地起了反感說：「照他們所希望的做有什麼用呢？」因此父母常常希望他做的那些被認爲是他底責任的種種標準和觀念不但不能鼓勵他反而使他厭惡；這時克爾文甚至連父母都要輕視了。

我們做父母的把種種標準放在兒童面前，這對於他們是有害的，因爲他們沒有獲得那些必需的習慣，所以便不能達到這種種的標準；由於知道不能達到這種種標準，他們一定會受我們底責難，以及由於他們感到的不安適，因此他們便會越變越壞。我們培養他們底品格是與種種特殊習慣有關係的，我們首先要幫助他們滿意地獲得那些「爲完成我們希望他們所做的事所必不可少的特殊的習慣」我們愈領導他們做我們所使他們覺得應當做的事，他們便愈感到安適，愈加快樂，因此他們底人格也就愈可愛了。

對兒童稍施威嚇可以增加他們底安適

爲兒童所不能理解的那些父母所給予他們的一些禁令，雖然是無疑地仍須頒布，可是對於年長的兒童，動機仍是確須注意的一個主要因素。當年長的兒童做那不曾被父母禁止過的新的事情的時候，往往會產生新的情境出來。這時他受責罰是常有的事。像在這類情形之下，他底初次犯過是不應當受責罰的，否則他又如何能感到合理的安適呢？兒童如有一點懷疑，我們就把「犯過」底性質詳細解釋給他聽，明確地告訴他假若他再犯這種過失，便會有什麼事情發生。柏特爾命是個七歲的兒童，他和阿爾特默斯分餅子，這餅子本來是他母親預備做家庭底尾食品(family's dessert)的。以前他雖然常常可以自由地在家中拿取東西，可是從來沒有拿過這尾食品，而且他又不曉得他母親把它預備做什麼用的。假如在他拿過之後，他母親就責罰他，甚至痛罵他，那末，這似乎就極不合理；因爲這會進一步地使他將來對於自動地做事發生猶豫。

他母親應當把這事解釋給他聽；如果需要的話，還得明確地告訴他：若是下次他還這樣做，就要受罰。但是人家總叫我們不要威嚇兒童，這話真是荒謬絕倫！我們應當常常威嚇兒童，如果威嚇得很正當而且是需要的。兒童知道如果他不聽威嚇的話，那他便會受處罰。假若威嚇得很聰明，切實，而又適當，那就只要用威嚇的手腕便能阻止他做不正當的事。不過所困難者，大部分的父母施行威嚇，都是憑着衝動，而未想到他們底威嚇是否合理或是否能夠實行，發生效力。聰明地施行威嚇便可促進兒童底安適，使他們做事完全由自己負責，讓他們在做事之前有選擇的機會，經過選擇後所做的事，其結果是兒童自己所知道得很清楚的，而做過之後，他們預先就知道會發生怎樣的結果。把這種計畫記在我們腦中，我們就能免除那些教管兒童的不必需的法則或那些引起他們反感的法則，當一個兩歲或三歲的兒童不清楚他做出某種行爲就會受責罰之前而做出那種行爲來，父母就責罰他，我懷疑這樣的責罰是否妥當。

事後的責罰

珠絲是個九歲的女孩，她母親允許她第一次下雪時就給她一個雪車玩。她早晨望着窗外紛飛的大雪，簡直快樂極了。她希望放學回家就可玩雪車。但是當她早晨離家去上學的時候，她因和小弟弟發生衝突，而打了他。她母親因見她打了小弟弟便對她說：「今天不給你玩雪車」。

假設你是珠絲，你聽了那句話將怎樣地感覺？雪車原是允許給她的，這是無可隱諱的事實。後來因爲要責罰她，便忽然不給她，以此當作懲罰。假設她是應當受某種懲罰的，但是像他所得的這種懲罰似乎對她是不合理的。以後父母再要像這樣允許她的時候，她怎麽曉得這種允許會不會實現呢？如果你對她說：「你好好地聽大人底話，就允許給你雪車」。這話又未免說得太曖昧不定了。當你允許給她雪車的時候，不如這樣對她說：「倘若你不打小弟弟，你就可以得到雪車」。這樣說比較合理些。

有一個十歲的女孩曾說：「假使我不做了錯事以致母親罰我在家中不准出外，那末禮拜六我就可以參加野外旅餐了」。往往有些兒童都不能預先計畫他們底快樂。有些兒童更不知道在什麽時候會受責罰，如同小雞不能料到老鷹在什麽時候會來攫它一樣。既然最大的歡樂是預料得到的，既然我們要使兒童得到獨立和創造的精神，要他們能夠計畫遊戲和工作，那末我們就不應當犯像上述的那種反對兒童的罪過。

支配兒童底時間

我們要鼓勵兒童支配他們底時間，尤其是他們底閒暇時間，例如：我們要十歲的特德知道他每晚放學之後和每個禮拜六下午都有兩小時的時間給他隨便利用，只要他在這兩小時之內是很安全而不做危險的事。如果我們怕他臨時不能守約而做出危險的事情來，那末在幾天以前，我們就要提醒他，使其趁早有所計畫。當他正在利用他底空閒時間時，我們不要和他打岔，不要忽然差他去傳口信或要他去替我們底鄰居幫忙。

自然，假使突然發生了一件甚麼事情，例如有一個人受了傷或得了病，那他就應該去盡力幫忙。但是當你將在百貨店所預定的一盒蘇打片忘記帶回來的時候，你卻不可叫他去拿，你要自己去拿，而且你自己去拿還可以增強你將來的記憶力。我們如果指定了什麼事情叫兒童做，兒童才有了把握，也才能計畫時間去做。並曉得在什麼時候做得完。我們不要希望兒童站在你旁邊等候着幫助你「需要幫助多久就幫助多久」。

你如指定加各布去做那臨時發生的事情，又無論在什麼時候需要他幫忙就叫他幫忙，那他一定會覺得你要他幫忙比要別的兒童幫忙的次數多些。「為什麼沙爾不做事而一定什麼事都要我做」，當貝麗維夫突然被差遣去傳口信的時候，她這樣地發出怨言。從這些插入的例子中，種種辯駁、爭論和嫉妒都會發生出來。

不要讓兩個或三個兒童在一塊做家中重叠的事情及不受歡迎的日常的雜務，例如：要讓球麗拍爾和球恩兩人輪流洗碗碟。若兩人一同洗，也許球麗拍爾怪球恩偷懶或洗不乾淨，反之也許後者怪前者偷懶或泥不乾淨。因爲他們兩人繼續地爭吵不休，於是他們底父母便不得不來判決一下，十有八九球恩或球麗怕爾都覺得父母判決得不公正，對自己不喜歡。

兒童底安適和所有權

我們要兒童感到自己所有權的安適。我們要他們早早地懂得「我底」兩字底意義，讓嬰兒底衣服和玩具放在一個固定的地方，這不僅與母親方便，而且還可培養兒童對於私有財產的興趣。當他學會蹣跚行走的時候，就要給他一個房間、架子、或角落來放他底東西。我們要顧愛和保護他所有的東西。我們不要把他底玩具借給別的兒童，除非是得到了他底允許；我們不要強迫他把玩具分給別的兒童。我們要勸他把玩具分給別的兒童，而獎勵他底不自私的精神。我們要把他所有的東西認爲是他底。我們不要從他手裏奪取東西，而要從容地使他願意給我們，他把東西給了我們之後，我們要謝謝他，稱讚他與我們合作的態度。我們若用他底幼稚園裏用的剪刀，就要向他借；我們不要擅自取用他底鏟子、耙子、或別的用具，除非是得了他底許可。當別人寄了信件給他時，我們要把信件交給他，不要自由拆看。如果他自己看不懂，他就會請求我們幫助他的。我們不要掏年長兒童底錢袋或口袋，不要讀他底書信，無論如何不可侵犯他私人底權利。甚至一些在我們看來是瑣碎的，無關重要的東西，而兒童把它們看得很重要的時候，我們就得尊重他底所有權。我們能夠這樣做去，以後他對待我們自然也像我們對待他一樣。

我們要防止別人侵犯他底所有權。一個家庭裏面若有幾個兒童，那就各人須有他個人底東西，除了有些東西是共同公用的。年長的兒童不准強奪年幼兒童底東西，並且不准侵犯年幼兒童底所有物。因爲成人總以爲年長的兒童應當常常把東西讓給年幼的兒童，所以年幼的兒童就往往把年長兒童底東西占爲已有，或毀壞它。這種情形最足以引起兒童底爭吵和嫉妬，我們要想使家庭安適和寧靜，就應該防止嬰兒強搶年長兒童底東西。

正當地使用金錢

我們要訓練兒童正當地使用金錢，以增進他底安適。我們要他老早就曉得想「錢是我底」，因此使他練習節省和聰明地使用金錢。我們需要漸漸地增加兒童底用費，給他一些錢儲蓄，給他一小部分錢自由使用。我們要他老早就有預算的觀念，因爲有了預算做根據，一個星期或一個月的用費便預先仔細地列好了，他用起錢來，就不會常常要父母監督，或虛報帳目，以圖欺騙。我們鼓勵他自己尋錢，把給他的用費數目漸漸地擴大到包括他底衣服費在內，這便能夠慢慢地訓練他經濟獨立。

不合理地犧牲父母底或家中別的分子底金錢給兒童做衣服或作奢侈之用，這是最不正當的。然而還有許多進學校的兒童，雖然家中窮困，他們穿衣用錢卻和富家子弟一樣，他們使父母個人受很大的犧牲，而他自己也許知道或不知道這種事實。有些母親用洗衣盆洗東西，用拖帚拖地板，在廚房裏的污水槽中洗東西，在屋內屋外工作——她們這樣地克苦自身，無非是爲的使她們底兒童穿得好好地，或滿足他們用錢和穿漂亮衣服的謬誤的熱望，

以進款爲生活的家庭，對於兒童底安適是有很大的影響的。一般力求超過自己進款去生活的父母們底痛苦終於會擴張到他們底兒童身上來。兒童立刻就感到他父母所感覺的那種不安適。爲着兒童和我們自己安心起見，我們要他早早知道我們底進款是很有限的；我們不能給他買許多像別人家裏所有的東西，因爲我們沒有這筆錢。他能見到這種事實越早，便對他底品格和幸福越有好處。我們要信任地讓他知道家庭的預算，使他成爲家中一個有價值的分子，無論在克苦自身方面或在享受權利方面。在一個進款有限而非非有條的家庭裏面，一切人員都是共同工作。儲蓄、節儉和犧牲自己的，他們每人忠實地盡其所能以做一個愛護整個家庭的分子。

兒童分擔家庭經濟責任

年長懂事的兒童見父母討論家務，就應當參與討論，並須知道家中收入和支出的經濟情形，因爲愛護家庭和尊重家庭兒童便自然不會把家庭的經濟情形和外人談論。有時家中臨時發生經濟的焦慮和打擊，父母應當暗中撐持，不讓兒童知道，否則他會因此煩悶煩惱的。在感覺銳敏的兒童跟前偶爾說「窮乏」或「困窮」一類的話，有時對他會有不好的影響。例如：有一天我們底九歲的女兒，自動地告訴我們她願意不吃肉或牛油了。她洗着地說：「我不吃肉或牛油，其餘的人

便可吃得滿足些」。我問她爲什麽這樣說，她回答我她聽見我告訴她母親說「我們這一個月錢很不夠用」。從另一方面看來，一般的兒童卻對於家庭的財源絲毫不關心。

信用購買與保險

近來因爲賒帳，廉價和賤賣的誘人的廣告，以及分期攤還的不道德的購買盛行的緣故，一般父母們立即購買目前需用的東西，等將來陸續去付款。「現款交易」在公私兩方面都成了過去的名詞。我們祖先節儉的美德在今日的家庭裏面已經消失了。「儲蓄」的口號已經被「消費」所代替了。胡亂花錢似乎可以表示暫時的富裕，但並不能培養我們自己底和我們兒童底那些將來可以致富的品性。那些不顧一切底樂天家是不承認我們底經濟現狀能夠促進家庭底安適的。

一般逐漸養成的保險習慣，尤其是應付失業而保險的那種觀念和實行已透露了一些希望。現在聯邦政府對於救濟失業所採用的一切計畫都不過是一種彌縫的辦法，而非根本之計；根本的計策還是在於養成未雨綢繆的保險習慣，有些兒童能夠長久地享受最大的安適和快樂是因爲他們底父母老早就過着簡朴的生活，使自己和兒童養成儲蓄的習慣，將來遇到經濟上發生恐慌，他們確信自己有把握應付。而一般不爲將來打算的父母們，在精神和金錢兩方面都感到痛苦，無疑地，他們底兒童也跟他們受罪。

因嫉妬而生的不安適

我們要每個兒童都感覺自己是家庭裏面的一個有價值的分子而如家中任何別的分子一樣的好。父母全心全力地照護頭一個兒童只有幾年，等到生了第二個兒童，頭一個兒童底優越的地位便喪失了。自然這初生的嬰兒最能得到家庭和家庭以外的人底注意。我們可以預先告訴這年長的兒童，說我們盼望的嬰兒快要生了，這對於他是有危險的；在這嬰兒沒有出世以前，我們嘴裏就常常說「我們底嬰兒」。於是這年長的兒童在那個時候便生出一種嫉妬心，不過此種嫉妬心我們卻能用下面幾種方法把他減輕(1)我們比較平常還重視這年長的兒童；(2)恭維他的種種成功；(3)不要過於大驚小怪地注意「嬰兒」；(4)鼓勵這年長的兒童好好地對待嬰兒。後來他們漸漸地長大了，嫉妬之心便可消滅。當兒童生多了的時候，此種相同的不良反應又會發生，而最小的兒童就是大家嫉妬的目標。從另一方面看來，年長的兒童卻極力使最小的兒童發生「自卑之感」。在三個兒童當中，往往是中間一個所處的地位最不利，生養兒童的時間間歇越長，對於嫉妬和不安適的解決便越有幫助。還有許多別的因素也會引起兒童互相間的種種不好的比較。有時那最得人注意的兒童便格外希望人注意他，於是他反感覺到最不安適。無論父母對於每個兒童如何地公平，但是任何一個兒童總覺得父母對他不及對別的兒童好，因為這在他是一個真理。

個別差異與不安適

天生的個別差異能引起「不安適之感」(feelings of insecurity)。一個家庭裏面有幾個兒童，不見得個個都同樣地可愛，同樣地聰明，同樣地使他們底遊伴快樂。一個兒童如果不爲一般成人或他底同伴所嘉許，而在遊戲場上或學校裏又得不到成功，那他就會發生「自卑之感」。這種「自卑之感」一發生，他就格外不與別人合作，格外反抗別人，而引起別人格外不滿意他，於是他便格外要受責罰。任何兒童在家中遊戲場上或學校裏遭遇衝突比別的兒童多些，他就發生「自卑之感」。別人對他的責罰使他想到自己不及別的兒童可喜，因爲生了這個念頭，他便更加做出一些引起責罰的事情，更加生出忌妒心，以及在快樂的時候做出諸如此類的事情出來。我們幫助他唯一的希望就是要找出方法來使他多得有價值的讚許和少受責罰。這確是不容易辦到的事。讓家中的一個兒童占染一些缺點或在學校裏遭遇一些失敗，介與他和別的兒童之間的比較便不可避免地生出來。在學校裏比較服從和比較成功的兒童就是個模範兒童，這「模範」二字被較爲愚笨和缺點較多的兒童聽見便不希望自求長進了。同一比較，有些獨生子的兒童會被父母引起「自卑之感」，尤其是當父母多少有點不知不覺地互相爭取兒童底愛的時候。

從上面的分析裏面看來，兒童和成人底一切「自卑之感」都是由比較而發生的。這種比較是聽來的，看見的，或暗示的。正是在家庭裏面老早就發生許多比較的差異。因此我們可以說家庭是大部作的「自卑之感」底發源地。

我們有幾種方法能使每個兒童安適：（1）幫助他博得有價值的稱許，使他在學習各種技巧及與同伴競爭時享受適當的成功和滿足；（2）我們全心全力地照應他，因此他就會做他所能做好的各種事情，並且會拿他現在所做的事情和從前所做的比較看出自己有了進步而感到快樂；（3）使家中每個兒童也做到符合他那獨自的才能；（4）替聰明的兒童定下較高的成功標準，而替笨拙的兒童則定下較低的。

兒童底忌妒和懷疑

許多父母被他們底兒童問：「你愛我嗎」？或「你像愛娜拉那樣愛我嗎」？我們也許把這類問題當作愚蠢的問題而把它們放過去，但是兒童卻不如此。這種懷疑和忌妒的情感須要我們極力把它們底原因消滅。一個爲忌妒心所苦的兒童也許會懷疑別的兒童爲着要得到父母底偏愛便在父母跟前陰謀反對他，往往事實證明父母是公正的；而這些事實簡直不爲那施用陰謀的兒童所明瞭。顯著的懷疑被心理學家認爲是一種嚴重的病症；他稱這種病叫「偏執狂」（Paranoia）。任何人有了這種病痛，就不快樂，而且不討喜。我們做父母的知道這種病底徵狀的生長是由於忌妒的緣故，那我們就可防止它底長成。

兒童聽見父母討論他底過失，或笑着和朋友批評他底行爲，或當着他底面說他們以爲他不能了解的事情，而他竟完全了解或有一部分了解，那父母就引起了他底疑心。兒童有了幾次這樣的經驗，他腦中就記得他常常是被人討論或被人開玩笑，像這樣常見的問題就是明證，如「你剛才說我什麼」？兒童有了這種疑心，他以後也許把它擴大起來，對他同伴懷疑，更以後，也許對他成年的朋友懷疑。這種疑懷的特性底開始有時是極其潛伏的。我們一旦發現兒童有這種特性，我們就要常常以光明正大的態度和他交往，使他這種特性漸漸消滅。

兒童底安適和性的行爲

大半的父母都認爲性教育在家庭裏面是一個道德問題。間接方面也許是的，不過主要的還是一個人格問題。也許沒有別的東西比性教育還要使一般兒童感到不安些。生長在禁止談性的問題的家庭裏面的兒童，對於生命的起源若作正常的詢問，父母就感覺不安，而給以呵叱和責罵，好像他所問的事是可怕的，這樣一來，兒童底好奇心就被激動了，於是他便到處去尋找滿意的解答。但是當他這樣去做的時候，他又感覺自己是做了很大的錯事。僅僅提及或想到接近性的事情，他就因懊悔和父母對他的禁止而感到痛苦。他同時還想到，倘若他底愛他的人「確實知道」了他底念頭，那他們對他會發生怎樣的感想。如果他患手淫被父母發現了，或被父母羞恥和責罰（通常在這時總是作出憤發的哭泣態度）那他就更加苦痛。總之，他因爲懊悔、自咎和父母對他的責難或他以爲父母會責難他，他就發生無限的恐懼和焦慮，而遠離父母，不大對他們笑，見了他們便不快活，滋發得羞怯，現出忸怩不安的樣子。無疑地，此種苦惱的態度和情緒所產生的副影響比它本身是一種壞習慣還要有害些。父母應該知道大半的男孩和女孩有時患手淫只是一種自然的「自我試驗」(self-experimenting)。把它當作一種不潔的習慣看待好了——像摸鼻子一樣。適當的飲食和睡眠，充分的戶外運動，自身以外的廣大的趣味，與年齡相等的人多多接觸，舒適的衣服，以及在家中有一種良好的安適之感——這就是防止、減少或改正手淫和其它性的變態的最好方法。

一個積極的計畫

一般希望避免兒童人格之損害的父母，要培養一種非情緒的，事實的態度去對付一切關於性的事情，要以坦白的態度而省去不必須的枝節來回答兒童底每一個問題，不要說哪一個玩皮要使兒童自由快樂地常常相信父母。

不要對兒童說什麼禮貌不禮貌。他穿衣也好，不穿衣也好；讓他在家庭裏面和大家在一塊生長，除非他自己不願和大家在一塊，才讓他退開去。沒有兄弟姊妹的兒童，要讓他老早就看見和他年齡相等的異性兒童很隨便地脫衣、洗澡。

健全的兒童不會老早就有性的感覺。他們越不覺得自己是男孩或女孩便越好。所以聰明的成人不去拿男孩子來嘲弄女孩子，或拿女孩子來嘲弄男孩子。不要給兒童配偶的暗示，要鼓勵背春期前和青春期間的少年男女常常混在一塊交際，大家共同享受許多滿意的利益和活動。

合理的性教育之利益

任何母親，甚至一個具有普通知識的母親，在她女兒初次月經沒有來以前，不能用同情而確定的態度，清楚地告訴她說，她預料月經會來，這是何等背理的事！又任何父親不告訴他兒子在青春時期生理上所生的新現象，這也是背理得很！我們若用做父母的態度供給我們底兒女一切健全的性的知識，那末，便確實能夠使這般青年不致發生不正當的性的疑惑和恐懼，而且還能引起他們對我們熱烈的親子之情，使他們無論什麼時候對性器官發生了疑慮可以來問我們，又能培養他們抵抗惡的引誘的決心，倘若不幸他們誤入歧途，還可立即使他們把這種誤入歧途的事實首先告訴我們，因爲我們對於他們是仁慈的，並且極可能幫助他們恢復自尊心以及生理與心理的健康。

對一個無論多大年紀的兒童不要說這樣的話：「你要常常告訴我你所歡喜的事情」。我們這樣說也許暗示着他和我們都假定他不會告訴我們他所歡喜的事情。如果他常常告訴我們，他就覺得快樂，那他自然會來告訴我們的。我們不能命令或允許兒童在家中感到安適；我們一定要證明和實現家庭的安適。

依照我們提出的這個計畫做去，一個螟蛉子自然會發現他底養父和養母並不是他底親生父母，他沒有方法能得到合理的安適。

父母的誠實與兒童的安適

我們切莫欺騙兒童。也許是為臨時方便起見，當五歲的爾拉德上床睡覺時，我們對他說我們整晚都在家，等他入睡了，我們卻偷偷地跑出去；或是我們恐弄他，假說羊肉是牛排，叫他吃。我們這樣欺騙他，一次成功，以後就繼續欺騙下去，直到我們底詭計被他發現，從此以後，我們無論對他說甚麼真實的話，他也不會完全相信了。

我們不僅是教他自己誠實和對人誠實，而且還要博得他底友誼，使他相信我們，增強他底安適之感。我們要爾拉德相信我們底話是真實的，如同黑夜繼續白晝一樣的真實。

年幼的兒童，天生就是誠實的。他堅持着每件事情都要像他以為是怎麼發生的那樣確實地報告出來；所以當我們把他歡喜的故事中的字句省略或另以別的字句代替時，或對他敘述某種他所熟悉的事情而被他確認有錯誤時，他就會坦白地為我們改正。凡是沒有豐富想像的成人，聽了一個四歲或五歲的兒童敘述神仙妖怪或虛造他腦中設想出來的英雄底事蹟，便會責備他是信口胡謅。但他實在是誠實的。他曾經和神仙妖怪在一塊走路談話，他親眼看見他們，親耳聽見他們說話。所以至少他是相信這樣，既然相信這樣，那末他和他們走路談話的事便會確定了。如果他和那些完全了解他的人住在一起，那他就會漸漸地知道區別幻想和真實。在他看來，世界上的事情沒有眞或假；只不過是一種經驗而已。

兒童在三四歲以前就會做父母不准許他做的事情。我們做父母的，因爲極想防止兒童做不正當的事，自然會問他我們沒有看見他做過而假設他已經做過的事情；所以我們便去問他，他起先很自然地老老實實告訴我們，而結果我們卻稱他做「玩皮的」，兒童或責罰他。有了這樣一次或幾次的經驗以後，他若不愚蠢，便知道實際的利害而對我們撒謊了。我們一旦發現他學着撒謊，拿撒謊當作逃避責罰的一種方法，我們就責罰他，這樣一來，我們反不止讓他撒一次謊；我們簡直是給他實習撒謊和強迫他撒許多次的謊。因爲他越會感到不安適，就越撒謊。我們不久就懷疑他所說的許多事情，而用這樣的問話使他苦惱，如：「你確信對我所說的話是實在的嗎」？我們這樣使兒童撒謊，結果在我們尚未發現他撒謊以前，而他底撒謊的手段就漸漸地格外高妙了。自然地一般謹愼的父母決不會使他們底兒童撒謊。

父母和教師甚至已經曉得了兒童撒謊的事實，而他們還要把兒童在屋子裏考問他，叫他承認是撒謊；他們拿考問兒童這件事簡直當作是一種可愛的室內遊戲。兒童盡力設法撒謊而給我們識破之後，他就會自己認錯，或會被我們告訴他那他不肯告訴我們的事情，或會被我們用粗鄙的話對他說：「你想逃避責罰而對我撒謊，那是不行的」。這是對兒童的一種挑戰行爲，反使他以爲我們是試探他，於是他便存一種僥倖規避的心理。不過始終他會覺得自己被人當作一個犯罪者看待，而不是家庭或同伴中的一個有價值的分子了。

兒童在家庭和學校裏面，常常不得不做個僞君子，他一方面希望自己好，一方面當他做得不對的時候又用「對不起」三個字向人表示道歉，這就是他爲了免除直接煩惱所要做的唯一的事情。

兒童在父母偵察他時所感的不安適

兒童往往於偶然的談話中，會把他不在我們跟前所做的事情說出來。有一天早晨，當我離開家的時候，我底九歲最大的男孩很高興地對我說：「昨天道格和我經過黃石公園的時候，他在我前頭走，有一輛汽車打我身邊叫過去，僅差一點就把我撞倒了，好險呀」！我聽了毫不留心地說道：「啊，那你不要再穿溜冰鞋到學校裏去」。停了一會，他說道：「爹爹，我想我對你太說多了」。然後我對他抱謙，請他忘記我方才所說的話，我不要叫他發現他一定要檢查他所經驗的報告。雖然我想極力不再犯此種錯誤的行爲，但是我已經犯過許多這種同樣的錯誤了。你我對於兒童都犯過這種錯誤，我們使他們養成不信任我們的習慣，使他們感到不安適。我們應當向兒童說明我們不會拿他們所告訴我們的任何事情來反對他們的。我們爲父母的要想做到這種標準的辦法，實在是很難的啊！

我們命令兒童在我們背後應當做什麼或不應當做什麼，又使他表明他到底曾做了什麼。還有什麼更好的方法可以把他做成一個說謊者呢？試想有成千成萬的青年男女，晚上回家被他們底父母一再訊問，好像檢察官問犯人一樣，問他們不在家的時候做了些什麽，這些兒童知道小心回答父母底問題，他們只把認爲做得妥當的事情說出來，他們在我們與他們之間建築一道鴻溝，使彼此內心生了很深的隔閡。

我們怎能把撒謊強迫歸罪於兒童自身呢？假設兒童不說謊，即使他們學着說眞話（說眞話照例是爲人所接受的），然而仍是會喪失人格和精神健康的，因爲他們不能感到完全的安適。我們不能希望做兒童底朋友，而同時又偵察他們底行動。能夠把耳聞目見或所經驗到的任何事情告訴父母時而感覺安全和快樂的兒童是幸福的。

我們也不能對兒童鬼鬼祟祟的。我們對兒童切莫做任何隱藏的事。我們要常常對他們開誠佈公和光明正大的。我們不要背後長長短短地向別人批評兒童，而不敢公開地當面批評他們。像這種幼稚的舉動會引起兒童底懷疑，而且當然會引起的。

兒童底安適與父母底允許

感到安適的兒童把父母底允許認爲是神經的。我們願意還是不願意寧可作任何合理的犧牲，而對一個三歲、九歲或十六歲的兒童不失信呢？我們愈求不失信於兒童，我們和兒童所得的益處便愈大。

自然有些允許是我們不能實行的，像遇到偶然發生了事情，我們便不得不對兒童失信。譬如：

全家正準備妥當去看電影，而客人來了，除非是客人自己知趣了解主人底意思，否則，爲了社會習俗的關係我們便不得不歡迎他們，而把看電影的時間延遲，甚至改到另一天晚上去看。從這件事情上面，就可使兒童看出我們不能守約我們可以利用下面兩種方法使兒童將來格外能夠適應這種偶然發生的事情：(一)臨時用些兒童喜歡的點心給他們吃，好似點心暫且能夠代替出外遊玩一樣；(二)告訴兒童要使明天晚上出去遊玩的計畫更加有趣。在允許兒童一件事情的時候，我們說話也要留點餘地——譬如「如無別的甚麼事情發生，我們當然不能阻止你」，——這對於九歲或十歲以下的兒童是有益處的，不過對於年長的兒童卻不必需。

兒童的意外之事與不安適

什麼是意外之事？巴爾勒當父母不在家的時候，打破了一塊鏡子。他生怕他們會回來，但瞞着是沒有用的，因爲他哥哥本恩或他姊姊涉非强會洩露這件事的。假若他們不去自動地報告，那麼事實還可以從他或他們那裏騙出來。如果他自己冒險去直言不諱，那他一定要受相當的處分。他打破鏡子，實在是不得已，他本來是很小心地握着它，但它從他手中滑掉了。他自言自語地說：「解釋是沒有用的，無論如何他們不會相信我，正如同他們把我底藥品拿掉一樣地不相信我，因爲他們怕我玩弄藥品會發生危險，其實我是很小心地」。

但是巴爾勒爲什麼這樣地害怕？他爲什麼害怕把這件意外之事坦白地告訴他父母？爲什麼

他一定要經過像在法庭上一樣的審問呢？自然他父母必定會覺得憂愁，他也會覺得憂愁。讓他們對打破鏡子表示憂愁，此外不再作表示。下次巴爾勒取用鏡子就會格外小心些，尤其是當他看見父母在家中很小心地提住鏡子的時候，他會學着很小心地握住鏡子。

假設十二歲的哈諾德從廚房裏走出來，手裏拿着一杯牛奶，掉在地下。他知道他自己是笨拙。這時無論哪個去講他或罵他笨拙，那就會使他非常的傷心。我們做父母的要知道任何兒童，尤其是笨拙的青年男孩，總會遇到意外之事的；我們要讓兒童知道我們雖然曉得他們遇到了意外之事，而我們還是同情他們的。當我們看見兒童用一杯液體變魔術或向屋內拋擲東西的時候，我們最好禁止他們不要那樣做，或隨他們玩出什麼結果來，都處以一種冷靜的態度。他們一遇到意外之事，我們就責罵他們，這是不中肯綮的辦法。在遇到這類意外之事的時候，我們要兒童知道我們對待他們，也像我們要別人對待我們一樣。

父母的公平正直促進兒童的安適

我們要兒童認為我們是公平正直的。我們要他們在嬰兒時期就發現我們對他們所發出的命令是沒有不合理的，又我們責罰他們，是因為他們犯了過失，所以，我們對於他們行為好壞所下的判斷，他們便沒有機會來和我們爭辯，假如我們是堅定而一致的話我們要他們在實行我們底命令或受了我們底責罰以後，自由地告訴我們，我們是不公平，倘使他們實在覺得我們是不公平，因爲他們知道我們會寬宏大量地向他們表示歉意或自願矯正我們底錯誤，如果我們底錯誤是明顯的。我們要學習笑我們自己底恐禁而覺得我們底恐禁引起兒童大笑是無傷害的。我們寧可溫和地接受兒童開我們的玩笑，而不要信口地拿他們開玩笑。我們要像好的運動家一樣承認自己底短處，以博得我們兒童底愛和恭順，並使自己以後對兒童格外謙和，格外減少我們對他們的命令和責罰。

(附註)

註一：人類心理（The Human Mind）六九頁；一九三〇年紐約 Knopf 出版。

第八章　自立與人格

兒童所經過的嬰兒時期，比任何動物所經過的要長些。牛馬在初生之後，不須幫助，即能動作，而初生的嬰兒，雖然在他母親懷中，假若你不拿奶喂他，他就會餓死。並且幾個月後，他還不能走路。這種長久的嬰兒時期給予兒童一個逐漸生長的機會。幾歲的兒童完全要依靠母親或母親的代理者，而父親，別的成人，和年長的兒童也常常幫助他。生來需要幫助的兒童，若以後有了正常的發育，變得快樂而可愛，那他一定漸漸地便會自立。成人，尤其是父母和教師，最能幫助或妨礙兒童底獨立和自立心的發展。

兒童在初出世的幾星期之內，能偶然發現了獲得滿足欲望的新方法。他知道那被他用作表明他最早的生理需要和引起他父母供給他此種需要的方法，也能供給他新的滿足。每一種新欲望滿足了，更多的欲望便巧妙地隨之而產生。那般幫助兒童的人們見到自己滿足了兒童底欲望，便覺得快樂，因而不知不覺地就滿足兒童一切的欲望和一切的需要了。因爲父母不是超人，他們對於兒童的反應，總是情感的，而非理智的。正因爲嬰兒微弱無能，故父母爲他做事比應當替他做的事還多。此種對兒童的幫助，是深入在一般父母的腦中而爲大家所樂於從事的。當我們要兒童作事此相信兒童做事還要做得好些的時候，我們就得設身處地的去幫助兒童，好像看見馬車夫趕馬，我們在旁不覺也要替他握緊韁繩一樣，好像看見別人拿着球棒打球，我們在旁不覺也要替他使勁地打一樣，好像聽見別人演說，我們在旁不覺也要把嗓子調一調一樣，好像聽見別人唱歌，我們在旁不覺也要「幫助」他提高聲調一樣。

父母爲兒童所做的出乎需要以外的事情愈多，他們對父母的不必需的要求便也愈多，他們得的多，便要的多。兒童漸漸地長大，向父母所求的幫助就漸漸地減少，而父母因爲有了幫助他們的習慣，反愈要幫助他們，並且使此種習慣格外固定化。父母由常識和理智兩方面本可看出兒童能夠自己做很多的事，而他們底習慣反使他們幫助兒童一如從前。一般做父母的，和別的人們一樣，爲舊習慣所滿足的時候，便失去了理智。五個月的嬰兒必須別人用湯匙喂他飲食，但有些父母還用湯匙喂十五個月或五歲的兒童，父母替一歲的兒童穿衣洗手，但等他到了三歲或四歲，他們還是替他穿衣洗手。

教兒童自立的最好時候

十二個月的兒童可以自己吃飯，到了兩歲，可以自己洗手和穿衣，不過他學動作猶遲級，不如你那樣來得熟巧迅速，除非他堅決不要你幫助他，你總要是替他幫忙的。他也許努力地獨自幹幾星期或幾個月這樣簡單的「洗手」和「穿衣」的工作，但最後因爲障礙太多，故他遂放棄不幹了。

當兒童初次要自己照應他自己時，我們就准許他這樣做——這才算是我們達到了「教兒童照應自己」的目的。如果當時我們阻止他這種欲望——往往是阻止的次數太多——那它就消滅了。但是，正因爲任何父母對於一切世事都了解得很透徹，所以他們要想使自己繁忙的生活程序能夠適合嬰兒正常的生長並使嬰兒學習準備將來照應自己，便是一件不容易的事。

關於母親替年幼的兒童做事做得太多，費希爾(Dorothy Confield Fisher)在自立(Self-Reliance)一書中曾說(註一)：

「她不教嬰兒如何開水龍底嘴，卻把杯子倒上水，送到他嘴邊，滿足他不時的口渴。她很小心，每天喂他十幾次水，其實用不着她喂，任何一個一歲半的兒童在五分鐘之內就可以自己學會了飲水。若是他母親不把他當作睡在床上的病人一樣，不拿杯子送到他嘴邊，那他飲水比和他年齡相等的兒童還要飲得好些。她說「他把胸前的衣衫弄溼了」。但為了避免「弄溼衣衫」的這種困難，她現在不應當把杯子放到他嘴邊，應當在六個月前當他一歲的時候就替他做塊小油布圍裙，把他底大椅子放在浴室的洗面盆前面或廚房的磁盆前面，讓他把這杯水倒入那一杯水裏使他練習倒水。

「照上面那樣的方法，每天練習十分鐘，那麼他在一歲零六個月的時候飲水，就不致於把水潑出來了。假若當時他母親還教會了他如何開水壺底嘴，那他便又要少受她一種奴隸性的侍候」。

雖然你很仔細地讓兒童自己照應自己，但是你家中的其他的人們一定會給他一些不需要的幫助。例如照顧嬰兒的婢女就會替兒童做這樣做那樣，他們只顧兒童臨時的方便，毫不想到要教育兒童有自立的精神。

你去繼續細心地照應一個兒童，直到後來你覺得他應當自己吃飯、洗手和穿衣的時候，你就停止照應他。但這時也許他還要你繼續替他洗手、穿衣和喂他的飲食，假若你要他自己做，他也許不肯做的。倘使你堅持地強迫要他做他就會反抗，在你沒有知道他會反抗以前，你還想着各種方法使他去做，而其實這各種方法都是無用的，等到你忍耐不住的時候，你只好自己做。這樣一來，以後你要想不替兒童做許多他應當自己做的事情，幾乎是不可能的。

所以，有許多兒童在進學校之後，還要用湯匙喂飲食，每天早晨洗頸子、耳朵、手、及洗澡，都要成人替他們洗，一直洗至他們達到青春期才停止。因此他們暗中便養成了依賴的習慣。任何母親替兒童做這類盥洗的事，總比他自己要做得容易而迅速些。假若你不幫助他盥洗，那他就趕不及吃早餐稀飯；可是只要你拿起湯匙來對他說：「讓我把這喂完你」，那他就一會兒把稀飯吃完了而且一切事情都預備齊楚便上學去了。在兒童進學校以前，你替他洗手，以為把他打扮得乾乾淨淨地到學校去便可免去別人說閑話，這固然是對的，不過這只顧到目前的結果很好，而不知道這樣每天早晨照應他，反使他養成天天依賴你服侍他的習慣。

這時他不會反對你幫助他；雖然他不歡喜你那種擺布他的方法，可是他總歡迎你底幫助。你這樣安心地繼續像奴隸樣地服侍他，等到發生了一件甚麼事情引起你底注意時，你便感覺情緒上的嚴厲的痛苦，尤其是當他父親責罵你的時候。自然父親沒有擔負替兒童做盥洗一類事情的責任，雖然他批評你批評得很中肯，可是此種批評卻不能幫助你解除困難。你底動機是好的，你曾盡力地去實現它。你如果就你底目的看來，便知道你底動機完全不是自私自利的，所以他責罵你摧殘兒童，是不聰明的。不過你外表所採用的這種方法，確是不妥當。另有一種較好的方法，就是：倘若你有十足的同情心、勇氣和自信力，你就坐下來把當時的情境思考一番，然後再定出一個計畫來嚴格遵守。這時如果他只表示非難你而不做聲，那末他除掉在你獲得成功的時候，慶祝你成功之外，他那默然不做聲，便是對你最大的幫助。

積極的和預防的計畫

依照上節所定的計畫，你也許以爲一個正當的辦法，就是：一時覺得某項計畫不好，便對它毫無後悔地施以攻擊，而對其它各項計畫，則一如從前地認爲滿意。關於兒童底耳朶、手和頸項你早一天就對他說，叫他在第二天上學去以前把它們讓你看看洗乾淨了沒有，要他讓你看過之後再准他上學去。你要讓他自己洗頸子，少和他嚕囌，把態度放莊重些，堅持着一定要他洗。

最好不要讓這些問題產生太快。便於兒童自助起見，你要替他設置一個面盆、一條手巾和一塊抹布，這些東西要擺在適宜的地方，可以使他能夠自由地取放和洗面時感到舒服。又要把他用的鏡子掛低一點，釘子要釘得恰好可以給他掛帽子和衣服，還要替他預備一個放置玩具的地方。

他衣衫上面的紐扣要大而少，紐扣的洞要開得寬，可以使他扣起來覺得方便。讓他早早地學習自己喂自己的飲食，用不透水的東西給他圍在身上，又把地板上鋪塊不透水的東西，讓他自己去活動，甚至食物弄到他頭髮和耳朶裏去了，都不要管他。

兒童進幼稚園

假設你有一個兒童進幼稚園或一年級。因爲怕他在路上給車馬撞倒，你就伴送他去上學。否則，他最好是一個人去或和別的兒童一道去。但是假設你怕他會哭，那末你就送他去。不過你送他到校之後，一有了教師照管他，你就趕快走開，不要問他願意不願意。如果你怕他不願去，那你就在他進學校之前花幾天工夫照應他使他和那些喜歡在學校裏遊戲的兒童在一塊玩，看着他和別的兒童到學校裏去幾天。這樣一來，你就自然不須再去學校裏陪着他了。

假設你在主日學校遇到這樣的問題；你也照上面的辦法去進行。現在假設你已伴送兒童到過學校，你就不要再去了。因爲這事體是比較易辦的，只要你能請教師到你家中吃一頓飯，又在你送兒童到了學校而尙未離開他以前你請教師陪着他玩幾小時，那就得了。

年長的兒童上學前與母親吻別

一般溺愛的父母，在七八歲以上的兒童上學或放學的時候，他們總要吻他，他所感到的這種接吻的痛苦，有誰知道呢？別的兒童到學校去的時候，路上經過阿摩斯家中，他們就進去邀他一道走。因爲成了習慣，他臨走時總要他母親給他一個吻別的兒童見他和她接吻，就露齒而笑。他知道他們是在非笑他。但他不能拒絕他母親底愛；否則她會不高興的；倘若他破例地不讓她接吻就溜走了，那等晚上回來，她會責罵他，怪他忘記了她。

一個聰明的母親，決不堅持要那不願表示愛的兒童向她作任何愛的表示，同時她也不一定要向他表示任何的愛。一般七八歲以上的男學生，甚至女學生，看見有人在注視他的時候（除非是他底父母），寧願給別人輕輕地踢一下，打個耳光或在背上打一下，而不願給人接吻。從另一方而講來，我們不能不要兒童底愛（除非是在稀少的情形之下），也不能不拿愛給兒童。然而表現愛情最收效的方法還是藉着那作為非成人格之表現的溫柔同情的笑語和真正熱烈的趣味，使他和我們說話接觸都覺得快樂。

還要補說的就是：有些兒童，尤其是喜歡依賴母親的兒童，會受父母溺愛底不良影響，因為他們不與別的兒童在一塊玩，而且進了學校之後，仍為父母所寵愛。下面有一個合式的例子，證明為父母溺愛的兒童所受的不良影響：有一個十四歲的男孩，他每逢上學或放學回家時，總要吻他母親底嘴唇。後來他母親被鄰近的幾個中年婦人弄得很難為情，因為她們說他一定要和她們接吻。這個男孩底這種特別舉動，也許是一種兒童智力發達遲緩的表現，由他母親常常全心全力地照顧他，就可以看出來。

和嬰兒接吻

關於和嬰兒接吻——不知有許多人發表名言讜論，說這與性慾有關，這真是愚陋之見！我看現在一般男女，顯然分為兩個集團——一個集團裏面的男女在嬰兒時期，都曾被母親吻過，另一個集團裏面的男女卻不曾被母親吻過。你我也許都是屬於前一個集團裏面的，然而我們都不會回想當時接吻，於我們底道德和母親底道德有什麼影響。

母親們，你們去吻你們底嬰兒好了；只要不吻緊他底嘴唇，否則把他悶死了。甚至你們底寬大的臉把他底光線遮住了；或當你們撫弄他時，你們底粗糙的手臂把他底骨骼和筋肉壓緊了，以致妨礙他自由動作這些都沒有關係，因爲他能爲你們忍受得住。你們需要吻他，比他還更需要吻你們些。但是，當你們吻他抱他的時候你們不要以爲這是件不好的事，而責斥你們自己。

當你們和嬰兒接吻時你們要將那種溫柔的愛保存到後來，直至使它對兒童雅緻地流露，叫兒童易於接受它，而獲得裨益。

當嬰兒在理智與情感雙方面都有了發展時，如果你研究他、了解他，常常以爲你自己是處在他那種地位，你看見的是像他看見的那麽小，你想的是像他想的那麽少，你感覺的是像他感覺的那麽有限，那末，你藉着你底友誼，同情的笑，和溫柔的聲調對他所表示的愛，便格外的濃厚了。將來你底孩子到了青春時期，他自己覺得不需「交頸相磨」才算對他愛人表示他底愛，而他底愛人也不希望他那樣對她柔情蜜意才算證明他對她的愛。他們兩個曉得本着一種人類較高尚的愛情標準來互相享受彼此的愛。

用「接吻」和「擁抱」對任何人表示我們底愛，都不如用聲調表示的完全。不在我們心中想到或感到應當向人表示愛的時候，而在我們絲毫不覺得要向人表示愛的時候，我們最能向人表示我們底愛。

兒童尊重父母底管束權有助於養成自立的精神

兒童認識並適應父母底權威越早，便越少受一些屈辱，而越多得一些養成自立精神的機會。品性學壞的兒童是從來不小心的，他常常被父母底命令所困窘（因爲他不願從這些命令，故父母便一再地發出無數的命令）。又常着同伴底面爲父母底責難和教訓所苦惱。於是他底煩惱便產生了。正因爲他常常在別的兒童跟前被父母懲罰，所以他便越變得不服從，越討厭父母管束他，而父母便越要管束他。一般兒童不知有多少次數冒險去反抗父母，只爲得他要在同伴面前證明他是具有自立精神的。

老早使兒童了解「不准」二字的意義

老早知道自制和接受「不准」二字的兒童是最有自立精神和最可愛的。他曉得自動地避免一些很明顯的危險，又知道尊重別人底權利和愛護我們底所有物。沒有老早受過這種訓練的兒童，必定要常時有人在他身邊照應他，叫他不要侵犯別人底權利和愛護我們底所有物。父母既允許兒童去做各種危險的事情，於是兒童就利用他應付這種危險的經驗，而知道如何避免各種危險；如果他這樣冒險的做去，還能逃掉生命的危險，那他就算訓練出自立的精神來了。不過許多父母都不願他們底兒童受這種自然底責罰，有些父母保護兒童，不許他冒險，希望他學着自我保護，還有些父母對兒童作有效的責罰，希望他自己從冒險的經驗中得到進步，不致遭遇明顯的危險，我們大半對這兩種方法，平常都採用一點，因爲採用它們，還可以使兒童不致侵犯別人和愛護我們底所有物。差不多一切作家都說：「不要對兒童施行體罰」。又說：「教兒童自立」。但是這兩種說話是互相矛盾的。假若不對兒童施行體罰，那我們就要不時地注意他，不使他抱有某種目的或作某種活動去侵犯別人。對兒童施行不適當的體罰，尤其是在不須施行體罰而兒童就能立刻願意改過的時候，反而引得我們一定要多多地注意他。

聰明的父母老早就教兒童了解「不准」二字的意義，以後便很少對他用這兩個字，又訓練他尊重父母底權威，而這種權威父母卻很少對他施行過。照這樣的辦法做去，我們就能培養兒童自立的精神。嬰兒只要一次知道有些特殊的東西是他不應當有的，或一些特殊的事情是他不應當做的，那他就可以自由行動，不受父母底干涉了；又假使他能自制，那他還可無窮地自由發明、創造和表現自我。

父母對兒童管束過分

有一天，我底六歲的男孩穿了橡皮靴和外套到外面去；他走到門口，看見低窪的地方有一坑水，於是就用腳踢水。我看見了就對他說道：「不要踢」。立刻我自己發現我禁止他的這種行為是愚蠢的，因為他底靴子很乾淨，而且他自己保護得好，並沒有因為踢水而發生跌在水中等類的事情。除了請他原諒之外，我沒有別的方法能夠得到良心上的安慰；我便鼓勵他再繼續做這無傷害的玩耍。

有一次，我和我底妻子在森林裏面和一家人家做過野餐之後回來，我和她討論那家人家父母與兒童之間的健全的關係。我們討論的結果，認爲不可解的秘密就是他們不干涉兒童，任兒童自由玩耍。爲什麽他們不干涉兒童？因爲那森林是個安全的地方，無須去監督兒童底行動。然而父母常常教兒童應當做這樣，不應當做那樣，也是人之常情。有種兒童是幸福的，因爲他們底父母不常常監督他們，使他們煩惱。

父母給兒童許多命令，便是暗示兒童「不如別人」。其實那些命令很少是必需的，通常是命令越少越好；兒童若和父母合作，他們便格外能養成自尊心責任心和自立的精神。雖然我們要想家庭平安和使兒童尊重別人底權利，還得向兒童說些「不准」和「不可」，但是這「不准」和「不可」的數目卻能夠變得非常的少。

不必需的監督

我們做父母的不但對兒童命令太多，而且常常犯了很大的過失：叫他做了第一件事，又告訴他第二件事是什麽，並如何做法。通常尤其是一般祖父母容易犯這種毛病。有一個青年女子正要出去爲自己做一件衣衫的時候，她祖母給她許多忠告和指示，以致使她把做衣衫的計畫完全打銷，而說：「我有我自己的頭腦呀」。

兒童參加集會，訪問朋友或去上學的時候，我們總會給他許多詳細的命令由這種命令便可證明我們老早對他有了過分的監督。一個進中學的女孩，如果晚上要出去，她便會聽到許多命令，便她覺得自己好像是一個僅只八九歲的女孩一樣；有些進大學的男女學生還接到父母寫給他們的一些像這樣含有管束意味的信。

關於如何教兒童注重清潔

雖然我們常常監督和伺候兒童，可以使他在離家後的一定的短短時間之內，保持牙齒和身體的清潔，但是如果以後我們還這樣繼續地替他做清潔的工作，或督促他自己注重清潔，那我們就無法保證離家後到底會不會永遠養成一種愛好清潔的習慣；有些要靠父母督促，才注重清潔的兒童，進了大學，還是「不修邊幅」，他們房間裏還是不清潔。

有一個女孩，被母親管束得很嚴，鄰居都知道她每天到中學裏去的時候，她母親要把她打扮得很清潔，替她洗滌，用全力注意她底衣服，但後來她進了大學，竟以不講清潔而名聞全校。她底一個同班學友說她是「極其污髒」。因為別的學生底請求，教務長就把這被家庭傷害了的女孩召去，叫她讀完一學期，就退學，於是她便沒有去了。

有時一個在父母教兒童注重清潔而兒童反覺得父母煩擾他的家庭裏而生長的女子，等到結婚之後，便會變成一個非常隨便的主婦。只有在兒童時期養成的那種愛好清潔的習慣，才是可貴的，因為那時培養這種習慣，並非勉強而是兒童極其願意的，即使以後他離開了家庭，不受父母底管束，他須能把它保存着。

必須常常得到父母允許的兒童

無論多大年齡的兒童，越不需要求父母允許他做任何的事，或不需父母告訴他做任何的事，一切與他有關係的事情對於他便越順利。在一個非非有條的家庭裏面那些指導、禁止、和提醒兒童的事情是很少的。

有些父母聽了一個十四歲的兒童說「今晚我去看電影」，而不說「我可以去嗎」？的時候，便嚇之大吃一驚，如果他們父母和子女間的感情很好，那麼這種改變口吻的說法，倒也沒有甚麼要緊。在這樣的例子中，兒童盼望得到父母底允許，而且他確有把握可以得到，雖然他拿那句話僅當作一個通知。無論哪個父親初次聽見這種改變口吻的說法，都有點不安。如果他聰明，他就不會責罵兒童。假若父母尊重青年自立的精神，而青年曾學過一些基本的自制，且除了必須父母指導以外並不受父母底干涉，那麼，許多青年和父母的衝突便不會發生。兒童與父母的衝突，並不是兒童不服從（一個三歲或十三歲的兒童也許怨恨或反抗父母管束他），而是因爲他要避免人家說他「不如別人」或避免事實證明他底幼稚。

有些兒童太溫順了

有些兒童是太溫順了，你我都曾看見過這種兒童，尤其是在幾歲的時候，他們抱在極富於同情和安靜的父母手中，如同泥人一樣。他們絕對服從父母，毫無反抗和暴燥的脾氣發出來。他們甚至還有一些好習慣，但只缺少一件東西——個性與自立的證據，實在這般兒童都不會和他們年齡相等的兒童泥在一塊過。他們眞是可憐。他們如想培養可愛的人格，使將來和他們在一塊生活的人們覺得他們可愛，那末唯一的希望就是讓他和他們年齡相等的兒童時常接觸，因爲得了這個機會以後，遇到和這些兒童衝突的時候，他們就可以學着自衞，又遇到和這些兒童競爭的時候，他們就可以競爭勝利。

兒童有所依賴的浪費時光

浪費時光是表示兒童依賴性的另一種形式，這種依賴性底起源和發展都是潛伏的，兒童年紀越大，它便越變越頑強，終至成爲學校生活底最大妨礙。兒童一旦能夠自己吃飯、穿衣和盥洗了，他就會在穿吃和盥洗的時候去幻想、說話、或玩耍，以致別人穿吃和盥洗都已經完畢，而他還沒有，這種情形，尤其是在早晨便破壞了家庭生活的計畫。當他上學去的時候，頂危險的事就是他會遲延，他父母怕他遲延比他自己還厲害些。他父母認爲使他去按時到校是他們底責任，可是他卻不必認爲這是他自己底責任。當他在穿衣時遲延，別人便對他說：「快些」。因爲他常常聽到這句話，所以這句話就失去了效力。

因爲生怕兒童遲到而兒童一點也不擔心，父母便感覺煩惱。他們不斷地催促他和罵詈他，反使他生一種易怒和欣賞的混合心理，因爲他始終知道遲延的責任是由他們負。真奇怪，他們越催他，他卻越要浪費時間。最後他被推出了大門，很不高興地甚至含着眼淚去上學，而留下那易於發怒的父母在家中煩惱。全家的人在早晨一致動員替他找書、找手套、找帽子，這算是家中小小的不幸，等他還沒有走過幾所房屋，家中又派人去趕他，把他忘記帶去的練習本交給他，到了學校之後，別的學生都準備抄寫，他卻沒有鉛筆，以致叫別人等他。全班的同學要舉行團體成績展覽或實行某種計劃而需要收集各人底成績的時候，他底成績卻遺失了。今天要繳一星期前指定了的抄寫練習本而他底本子卻丟在家中。全班同學都放學回家去了，他卻是一個還沒有完畢他底功課的顯明的溺職者。

爲了他許多的缺點而責駡像他這樣的學生是沒有用的同時責難他父母也沒有益處因爲他父母本心很好，對他絕無惡意。他們那樣熱切地希望兒童在學校裏學習敏捷和得到成功，是沒有人比得上的。他們既然沒有方法再回到童年和他們底兒童共同生活，以便設身處地的幫助兒童，那麼他們怎麼辦呢？在旁邊看的人覺得幫助兒童是很容易的，但是在他們看來，卻很難。所謂當局者迷，旁觀者清，就是這種情形。任何人只要是很精巧而又和他們表同情，那就能引導他們走入正軌。例如，從上面那件事情裏面他們就可發現他們底問題是要使兒童確知1.從明天起，兒童不再聽到他們或家中其他的人對兒童說「快些」二字；2.他們老早就要喊兒童準備上學，除非兒童爺上學當作自己底責任，知道到了一定的鐘點，就要離家上學去，那才不要喊他；3. 只要遲一分鐘離家，他就會受明顯的責罰，或到校遲了就要得到不好的結果（如記遲到、扣分、趕不上功課等等）。

「浪費時光」對於兒童以後的惡影響

浪費時光的兒童不但依賴家庭，而且以各種方法利用浪費時光的習慣，逃避不快樂的經驗。他在學校裏作事遲延，便妨礙教師和別的兒童。許多年幼的兒童、青年和成人因為等候他，就覺很煩惱。因為他這種遲延的習慣變成了慢性的，以後他便開會也遲到，做禮拜也遲到，看戲也遲到，以致使別人感到極端的不方便。的確地，無論嬰兒或成人浪費時光，都是人格上的一種不可愛的特性底表現。

現在有一個與上面相反的例子：我們觀察十歲的提爾西很有趣，他能立刻實行他日常的計畫，他能處理去診牙齒一類的事情，而自己完全負責。我聽到我底八歲的男孩有一天自動地說下面的話，我很覺得快樂。他說：「明天三點一刻，我一定要到牙科醫生那裏去，我要和他把我們底約會改到下星期五四點三十分，那時我下了音樂課回來便可去會他」。

自立與早期的日常習慣

父母用沒有效果的方法，教兒童每天如何做必需的飲食、睡眠和排泄的日常瑣事，這不但沒有益處，反增強他底依賴性，使他依賴父親，尤其是依賴母親。他們教他做這些事，都帶有感情的作用。這正是人類通常的弱點。他從事於飲食起居等等都是爲的博得他們底獎賞或逃避他們底責罰——通常總是爲的逃避責罰。他們用甘言媚他、哄他、煩惱他，賞他一點東西，恐嚇他，罵他，責罰他；這些舉動使他養成依賴母親的行爲——以母親底行動和感覺爲轉移。任何父母都知道這種教兒童做事所引起的感情作用是很容易產生的。發展兒童良好的習慣，使其令人滿意，是要有遵守時間的習慣，並使他們認爲好習慣是事實上所必需，對正在生長中的兒童，如能知道照應自己便予以獎賞，使兒童養成良好習慣所最需要稱讚他們的，就是說他們長大了，像成人一樣，已能照應自己，而不要說是因爲他們能夠如此而取得父母和保姆底歡喜。

自立與以後的日常習慣

從七歲到九歲的有自立精神的兒童，在街上遊戲，看見街燈發亮，便知道時間不早，而跑回家去；又知道在一定的鐘點自己上床睡覺；還知道聽了第二次信號的警告以前，就洗乾淨了手去吃飯。像這種種事情，都證明兒童善於照管自己，而不需要大人去監督和煩惱他。

我們和兒童想出方法來，使他在似乎要適應而沒有適應的時候去適應家庭的規則便可以幫助他在同伴底面前免去許多煩惱而他也不至於嚴格地反對遵守那些比他同伴所遵守的還要高些的行為標準，卽使他一定要反對也是不很明顯的。他常常想起父母對他那種較他同伴所受的還要嚴格些的監督便使他煩惱和害怕被人嘲笑。

安全

如何用聰明的態度去應付兒童的危險，是父母底一個很難解決的問題。嬰兒初學會爬的時候，父母就禁止他爬樓梯，後來又禁止他攀樹，育嬰學校在戶外備有安全的地方給小把戲爬，有些家庭也採用這種辦法。如果兒童能夠因此被引導漸漸地去適應外界環境，那他所做的事，比父母准許他做的事還多，要告訴他有些特殊的危險，如玩火和跑到街上去，若遇必要時，不要暗示他有危險，讓他從危險的痛苦中得點經驗，好去自動地避免危險。然後再准他充分自由地學習自衛並避免許多兒童所受的那種恥辱。

威爾斯博士(Frederick Lyman Wells)在他底心理適應(mental adjustment)(註二)一書中提示我們一種容易養成兒童「自卑之感」的方法，就是父母因為怕兒童受危險，便禁止他參加各種普通的遊戲。威爾斯博士說：「兒童見他同伴玩什麼東西，他也要玩，如果父母干涉他，他立刻就有「不同」之感。兒童通常的遊戲，如自溜冰以至踢足球，都難免會有身體上的危險。兒童也許被父母阻止去參加這類遊戲，直接的禁止，或用表現這類遊戲所發生的危險的各種光怪陸離的圖畫去禁止。然後兒童因為看見一般兒童所能玩的東西而自己不能玩，又因為父母告訴他那些遊戲有危險而他底同伴玩起來，卻明明白白地沒有危險，於是他見同伴作這些自然的活動，而自己不能參加，便對他們除了發生「自卑之感」而外，沒有別的反應。「女性的」樣子的孩子是養成的，而非生成的；假使父母不要他們底兒童養成這種「女性的」樣子，那就一定要准許他，雖然不是鼓勵他，去作兒童時期正常的遊戲的冒險」。

讓青年踢足球踢死或踢傷，總比剝奪他練習踢球的機會要好些，又總比你我阻止我們底孩子踢球因而損害了他們底人格要好些。凡父母見自己底孩子在運動場上受傷或傷死，應當覺得他比偶爾發生戰爭時在死戰場上還要榮華好多倍。因為他努力做個運動家，就像做他在培養良好品性和高尚人格的豐富的人生；而做一個兵士，無論他愛國的動機是如何地光榮，總要摧毀那些和他同樣神聖的人們底生命。在這兩個例子當中，勇敢和犧牲自我都是至高無上的精神。

許多健康兒童的母親，對兒童總總過慮，常常警告他們，生怕他們受寒。甚至有些年長的兒童上學去，他們親愛的母親還替他們穿上許多衣服，綑得身上緊緊的。他們若不肯穿，就要受母親底責罰，若是穿了，又要遭同伴底嘲笑。無論他們有時服從母親，有時不服從母親也好，總使兒童發生不安適之感，對他底人格總有損傷。我們底頂大的男孩反對我們對他僅表示過幾次的「卓見」，他不戴帽子進中學，進了幾年，每天來往要走三哩路，無論甚麼天氣，只穿很少衣服而不穿外套，又不坐汽車，然而他底身體始終是十分健康的。他說他不願意做個「小寶寶」，像一般「小寶寶」那樣常常身上綑上許多衣服，由汽車夫開着汽車把他們送去上學。如果每個兒童（除了少數柔弱和跛足的兒童在外）底家庭只離學校一哩遠，除了遇到頂不好的天氣，他們都走路到學校去，那末，這對於品格教育是何等有益哩！可惜很少住在郊外的兒童，上學時能夠走過五六個住宅區遠的路程。兒童一旦懂得了基本的交通常識，成人若再陪伴他去上學，那對於他是沒有好處的。

應減少母愛而增加父愛

常常由母親看護的一兩歲的嬰兒，別人喂他開水，他也許會不吃，若是爸爸替他洗澡，或婢女喊他醒來，他也許會哭得很利害或大怒不止。這種專門依賴某一個人的習慣，只要使兒童漸漸地願意另外一個人或幾個人去照應他，便可改正過來。母親偶爾不在家中過夜，而讓父親在家中照應一個幾個月的兒童，這種辦法對於一般幾個月的兒童是有益處的。這樣在外面過一夜，對於母親是何等地舒服！爲着早早養成一個有父親氣概的孩子，尤其是爲着建立一種父子的情感，一般兒童從嬰兒時期起就需要多得父親底愛而少得母親底愛。爸爸回來的時候，讓他比較平常還要負責地替兒童做許多的事。嬰兒漸漸長大了，能夠聽故事，散步和遊戲的時候，父親就應利用無窮的機會使兒童得到快樂，使母親格外能夠自由獨立，不受兒童底糾纏。

我們做爸爸的極喜歡羅斯福（Roosevelt）底故事，我們覺得這三點很有趣：1.他做父親時對他兒子很早的影響；2.他這個強壯堅毅的人如何成了他底有喘息病的孩子的救星；3.他在兒童時期因自己決心要成爲一個強壯奮鬥的人，於是便實現了他種種的夢想。

我們在七八歲時都讀過他底故事，其中有一段說：「他底喘息病又發了，使他半夜不能入睡，咳嗽，呼吸困難。在這些痛苦的時期中，他父親是他最忠心的陪伴，夜夜把孩子抱在臂上，在房中走上走下，若是夏天，就把他抱上車子，深夜裏在鄉村附近兜幾哩路的圈子」。

一個一兩歲的兒童在夜裏驚醒或哭叫，自然母親就走去照應他，這是人之常情。有時是因爲他需要她；但在一般的情形下，他並沒有這種需要。如果他夜裏害怕，自然使她去安慰他，可是她對他這樣照顧，使他感到滿足，而不知是甚麼原因，遂引起他更加需要她底照顧。她對他的引誘就是握着他底手，拍拍他，搖搖他，或僅只坐在他旁邊，一直等他入睡。她也許這次陪他睡在床上，因爲「他底牙肉腫起來了」。正因爲這次她睡在他身旁，所以他以後一被放在床上，就睡着了。但是像這種縱容兒童的事幾乎並不止一次，它是許多不易破除的習慣底開始。一個母親不要常常希望做這類的事，最好一次也不要做。

假設你是一個母親，當你底兩歲的兒童夜裏睡醒時，便把他放在床上和你一同睡。當時你覺得怎麼樣呢？在你發現他這種不良習慣的嚴重性的時候，你不要恐懼。你知道要改正他這種習慣是很費事的，你又知道無論他哭多麼久，無論他哭得多麼兇，但你所受的痛苦總是厲害的，首先你算算你所受的損失。在這個時期，假若你不便計算你底損失，就不要計算它，等將來他這種壞習慣消滅了，再行計算。把「不可」這兩字的意義，少對兒童講幾徧，只要說一次，而不要撒謊，那就行了。這樣對兒童也許有幫助——就是當他上床睡覺時，你告訴他，如果他睡醒了，你不會去抱他起來，倘使你恐怕他害怕，那末，把廳堂裏的電燈扭開，讓他去哭好了。或者你可以和他談話，使他愉快，例如你告訴他某種真的或假的玩具，或告訴他他所喜愛的東西。

溺愛是由患病產生出來的

受傷，受外科手術，和長期地害嚴重的病，都能使兒童養成極端依賴父母的習慣，下面是一個很好的例子：

有一位密弗林先生，他是一個父親，寫信給人說：

「我極盼望得到你對我一歲零三個月的兒子的忠告和幫助，他現在快要痊愈了。聖誕節前夜，他打翻一鍋燒熱了的橘子醬，因此把頸項、肩臂和背心都燙傷了。在醫院裏住了兩天，在家中經過一星期，他現在差不多完全好了。

「開場白已經夠了，現在言歸正傳。我們底問題就是當荷締住在醫院裏的時候，他太「嬌養慣」了，他母親時時刻刻陪着他，自從燙傷了以後，他就變得神經過敏，而且易於發怒。我的夫人和我都是「神經過敏」(high-strung)的人；假若我們是藝術家，我們才需要這種氣質。荷締現在很明顯地也有了我們這種習性。下面是他自從燙傷以來的生活日程的一個好例子：

下午五點：沐浴。

五點半：晚餐。

六點：就寢；抱他散步一小時；搖他，唱催眠歌使他入睡。

九點至九點半：喊醒他，抱他上廁所；再給他睡兩個半鐘點。

上午一點：喊醒他，又搖他，抱他散步一小時；有時我們在這時候給他吃一瓶牛奶。

四點：喊醒他，搖他，直到六點半。

六點半：早晨起來；吃牛奶。

八點半：早餐。

九點：小睡，又搖他一小時。

十點至十一點半：喊醒他，替他穿衣服。

下午十二點半：午餐。

一點：小睡；搖他，等等。

兩點至三點半：喊醒他，替他穿衣服。

給他坐在小車子裏面，到戶外玩一兩小時。

「他在我們嘗上睡着之後，如果我們想把他放到床上去睡，他一定會醒的，而且要哭起來，我們曉得搖他入睡是不對的，不過倘若把他放在床上，讓他去哭，那他會把食物嘔吐出來的。當他沒有發傷以前，我們可以在下午六點鐘的時候（或任何睡覺的時間）把他放在床上睡覺而曉得他願意睡，或不睡而在床上玩到應當起來的時候才起來。近來他變成了一個典型的『}嬌嬌的致子」。我稍爲動他一下，他就顯然地要大怒起來。他在醒時都要拉着他媽媽底裙子，如果她離開房間，他就拚命地叫。倘若有甚麽事情不如他底意，他就發脾氣。我們試驗過各種方法，想糾正他這種不好的習慣，可是這不但無效，反引起他發怒」。

回信是這樣地答覆：「在這種種情形之下，很容易看出那種成了習慣的要求——兒童要求父母過分地照應他——是如何發展的。關於此事，你不必自己責罵自己；你要坦白地用很客觀的態度，對這問題作正面的應付，如你以前所應付過的一樣。

「你和你的夫人應當定出一個確定的計畫來，兩人共同嚴格遵守，等到你們孩子底傷處完全醫好，你們便能盡力地和他適應這個計畫。

「我不必告訴你，當前你沒有容易的事可做，爲着兒童底關係，你不能夠像你那樣漫無標準地去做。總之，那問題所引起你的困難，卻一點不重要，而你底嬰兒底幸福，倒是要首先重視的。

「既然你說你們都是『神經過敏』（我以爲我們大家都多少有點這樣的情形），那末，當兒童上床睡了時，你們兩人當中出去一個，留一個在家中，這樣對於進行你們底計畫也許要好些。你們假若沒有替他準備一個周圍有欄杆的小床，我勸你們在開始你們底計畫以前，首先替他準備一個，因爲這樣的床，他一個人不能爬出來，而且床底欄杆很緊密，他底頭又不能從欄杆縫裏穿出來。

「當你已經進行那計畫時，便把他悄悄地放到床上，告訴他，假若他哭，你不會把他抱起來的，不要對他說謊，說了不抱他起來，就不要抱他起來。如果他哭得嘔吐了，你只要替他揩乾淨就悄悄地走開去，而不要抱他起床。我想這對於他並無傷害。他也許哭兩三個鐘點，或哭半夜，我知道你們聽到他哭，會覺得很可怕的；不過，你們要記得，試想兩星期或兩個月以後怎麼樣。然後，絕對不要抱他散步或搖他。他的確他不會害怕的。也許暫時你還要在一點鐘時把牛奶瓶給他，但是，若是把它老早預備好，那麼他一醒來，就可自己拿得到。一旦睡覺問題改正了，他就會自己玩得很好的，而一點鐘的時候也不會要吃牛奶了；只要一次不吃牛奶，以後就永不會要吃了。而且絕對不會有例外的。至於午睡的話，也像平常一樣把他放到床上，擺一個鬧鐘在他面前，等一個鐘頭完了，就把他鬧醒。不要對他講睡覺的話，不管他還要睡不要睡，鐘一響，就把他抱起來。

「能否得到結果，完全要看你如何嚴格地遵守這樣一個計畫」。

大約十天之後，這位父親又寫信說：

「我底夫人和我，對於你忠告我們如何應付我們底孩子，非常感激。我告訴你，你底方法試驗了有功效，我們感謝你，你聽了也許歡喜。這種方法確實很容易實行，真出乎我們預料之外。我們只要把他「放下」兩次以後他就不哭了，雖然頭兩次放下之後，他便大哭不止，每次哭的時間，都不到一刻鐘。

「自從試驗你底方法以後，結果非常滿意——我們底嬰兒比以前快樂多了，吃飯也吃得好了，睡覺也睡得好了，而我們為他身心所感的疲勞現在也復原了」。

就寢後的種種滋擾

和上述的那種相同的滋擾，就是：許多兒童有時早已超過入學的年齡，而每天就寢以後，還要大人照應他們。幾乎每個父母都知道兒童極易養成此種不良習慣，所以等不到父母察覺此種惡習的嚴重性的時候，而此種惡習已經養成了。假設有一個四歲的兒童，你把他放在床上睡倒，就提醒他，說你計畫不准他滋擾。在你將離開他，向他說「再會」之前，你得檢查一下，看還有甚麼必須要替他做的事情沒有；或看還有甚麼平日和他做慣了的如「再會」一類的禮節沒有，如果都沒有了，你就離開他，讓他一人去睡，他絕對不會害怕的，你最後對他說：「記着，我不再來看你」。然後你就得說話算話，不要再去看他。最好不要禁止他喊叫，否則，你又要引起額外的問題了。你只不要睬他，讓他喊叫好了。

在大學的母校裏，我底班上有一個做了父親的學生告訴我說「一天晚上，我們因為要出去，就僱了一個婦人來照應我們底五歲的兒童。我們對她說，他也許一兩個頭鐘都睡不着，在他上床之後，他有時會要東西，她應當把東西遞給他，若是她聽見他一刻鐘不做聲了，那她就要看他蓋好了被條沒有」。

他們夫婦兩個回來的時候，那婦人就報告，說他們走後十五分鐘，他就沉睡了。「那就奇怪」，這對父母向那婦人說。當他們第二次離開她時，她又報告說當他們走後才八分鐘，她看見他已經入睡了。這對父母瞞了她底報告，非常疑惑，直到後來，他們才發現那婦人原來是個聾子，不過她若見別人嘴唇運動，就能了解別人說話的意思。

向嬰兒告別

假設你有一個兩歲的嬰兒，當你離開她時，他哭得很利害。那麽，你就坐下來，想出一個計畫。利用這個計畫，使他在你離開他時，能夠漸漸適應。這計畫就是你每天至少要離開他一次，即使只到鄰近去散散步都行。如果你每逢出外時，都和他接吻，那末以後你每次離開他，就仍要和他接吻。

你要首先有充分的準備，和他接吻不過是種機械的動作，越快越好；你走出大門，一點不要猶豫，假裝耳朵聾了，神經麻木了，把脚步跨快些走。不要現出婦人底態度而回頭向他望。如果是可能的話，就使他和一個熟人在一塊玩耍，趁他專心注意遊戲時，你就趕快離開他。他的確不會因你走了，就感到恐懼的痛苦。要實行這種計畫，你必須有勇氣，否則你便會覺得自己有點殘忍。不過，兒童也許哭幾分鐘，就會立刻停止的。他所感到的痛苦還比不上你所感到的利害，你要爲他以後的幸福着想，不要只顧他暫時的滿足。

漸漸地離開他較久些——離開他一整天或一個週末（week-end）。兒童在入學以前的確要讓他覺得母親，或父母兩人都不在家的時候，一點不感到弄不慣，而且即使有相當可靠的生人照應他們，也不覺得弄不慣。現在就要解決這個問題，因爲若是讓它延長下去，將來會變成悲劇的。

例如，有一個母親寫道：

「我底兒童現在八歲了，我總記得，我每次離家的時候，她就要哭。我是一個寡婦，在幾年前，我必須到外面去做事，那時我離開她很感困難，我一離開她，她幾乎就要哭一天，而且任何東西也不吃。她哭起來，不像一般兒童那樣哭，她哭的那樣悲哀的情狀，是我們可以想像到的，好似她底心立刻就要碎了」。

一個六個月的嬰兒，也許會咬他底洋囡囡，搖他底搖鈴，很快樂地每次向周圍望一小時或兩小時。只要保姆或母親向他笑一笑，他便又可再快樂地繼續玩一小時。

兒童依賴母親使他愉快

過於注意年幼的兒童，便會使他時時要求別人和他嬉戲。一般母親自然會和她們底兒童嬉戲，她們對嬰兒笑，使嬰兒愉快，只是當嬰兒愁苦或哭喊的時候，嬰兒以爲他一哭起來，母親就會使他愉快。他底愁苦就給母親解除了。而兒童博得父母底注意，便有了報酬。這樣一來，也許使他格外需要父母注意他。所以我們最好在嬰兒快樂時，稱許他，而不要在他煩惱時，使他愉快。

許多小兒童，剛才學會走路，就要保姆、年長的兒童或母親時時和他們嬉戲。有一次我乘火車從查大努加（Chattanooga）到辛辛那提（Cincinnati）去，看見一個有忍耐性的年輕母親，正穿好衣服，準備出去，而沒有出去時，她在車廂裏走來走去，用玩具使她那活動不停的十九個月的兒童嬉戲。我對她那種無限的忍耐力，與發生驚異。很明顯地，那兒童從未學會自己嬉戲。

有僕人的母親

許多母親有力量僱人幫助自己，而還要親自做她們兒童底僕人。倘若母親讀書兒童就拉她，向她糾纏，直等她停止閱讀才了事；倘若她做縫級工作，他就叫她不要做；倘若他要彈鋼琴，他又要干涉她。

她若想自己安靜並教兒童自己去娛樂，那唯一的方法，便是每隔一次便自忙幾分鐘，因為這樣忙，她就不能幫助他了。然後再把這間隔的時間延長。這樣一來，如果兒童有些自己能做的簡單的事情，他便會漸漸地學着自動地去做，而使自己愉快。須親自操持家務的母親，覺得讓兒童獨自去玩，有時一次玩到幾個鐘頭，是必須的。在這種種情形之下，他很快地就學會使自己愉快，並且感覺他周圍的東西是可喜的。

試想有些母親底成功與是僕人，她們在自己計畫家事閱讀書報，預備出席俱樂部的演說稿或某種計畫甚至歡迎成年客人的時候，能使兒童自己娛樂數小時之久。凡是具有藝術家底風度的母親，看見兒童玩耍時，只站在背後，不去干涉他，遇到相當的機會，才去指導他或再給這小發明家一些玩具。

教兒童自己娛樂

母親看見兒童所創造的東西，就現出笑容，並稱贊他，這便可以刺激他底發明的才能。於是他就去創造更多的東西。母親又常常發現種種新方法一、幫助他做有價值的活動，使他感到滿意；二、使他戰勝困難；三、稱讚他努力和有恆心；四、領導他創出自我表現的新發明；五、聰明地慶祝他底成功。

通常兒童由自己嬉戲或由自己想出巧妙的方法來遊玩便能得到很大的快樂。一個睡在搖籃裏的嬰兒就不滿意我們搖他底搖鈴；他一定要自己搖。我們如果替一個四歲的兒童做他自己所能做的事，那他是多麼的發怒。當一個七歲的兒童讀書時，若是我們告訴他那個他自己要想揣摩出來的字，那他是何等地惱怒。你我也與兒童無異，如果別人指示我們自己能夠做的事和自己能夠知道或發現的東西，我們便會怨恨別人多事。兒童喜歡用自己的方法做事，我們也是這樣。

兒童喜歡單獨完成他底工作

我們老是突然地要兒童依照我們底方法去做一切事情。既然把做事的標準規定好了，爲什麼不讓兒童自己去選擇做事的方法呢？我們應當知道揩拭椅子，洗滌銀器，或絞乾揩碗布，不是只有一種好方法的。

兒童通常總極力想自立。他想長得大些，而我們卻想使他小些和不成熟。他和我們所抱的目標，不知不覺地各不相同。結果，我們使他發生「自卑之感」，逼迫他依賴我們，或令他不得不用各種方法逃避我們，不管這各種方法是幻想或是不合習慣的行為。

我們稱兒童做嬰兒、小羊和寶貝等，到他聽了憤怒起來，我們才不得不停止。我們甚至不喊他原來的名字，而代以一種別的稱呼，使他感到我們暗示他幼稚。一個三歲的兒童，若是被人喊做「嬰兒」，他就會叫道：「我不叫嬰兒，我叫巴巴拉」。一個八歲的孩子，若是被父親喊做「小零米爾」，他就會叫父親不要說他「小」，要說他「年長些」。易蘇貞是個十四歲的女孩，當她母親不要她出去，提醒她是個「兒童」的時候，她非常氣怒。青年兒童在學校裏頂怨恨別人喊他們做「兒童」。我們底成年朋友很不聰明，竟與我們一樣，用這種愚蠢的字，如狡黠與滑頭，加之於兒童身上。我們使兒童底鬆髮保留到幾個月或幾年不剃；因為我們見理髮師把它們剪下，落在椅子上，就感覺痛苦。「我們不久就沒有嬰兒了」，這句話含有令人可憐的意思。自然啦，因為兒童長大了，他們就不需要我們了。同一原因，祖父母縱容兒童，兒童後來變成反抗他們，不體諒他們，因為他們極力使兒童與他們不可分離，而兒童便極力要免除這種暗示：他之幼稚，比自己所感覺的還要幼稚些。

湯姆博士（Dr. Thom）說「世界上最可憐的兒童莫過於那不幸遇到剝奪他發展人格的機會和阻礙他發育的父母的兒童」。一切兒童都有點可憐，因為一切父母都犯了摧殘兒童的罪，

而其所以犯罪的緣故，只因爲他們是人類

假設我們做父母的夫婦兩人都在外面過一夜，而讓一個十二歲或年齡較大的兒童在家管理家事。除非我們特別留心，否則我們便要如何詳細地叮嘱他，對他說當我們不在家的時候他底行爲，應該要怎樣謹愼。第二天我們回來時，頭一句要問他的話就是「你昨夜怎樣過的」？而暗中希望聽到他告訴我們，當他沒有我們在身邊時，他覺得是很不容易度過那一夜的。

兒童希望大起來

兒童老早就模倣大人底活動——洒掃，布置桌椅，洗滌碗碟。兒童覺得一個小孩能夠洗滌碗碟，就是「長大了」。以後他又討厭洗滌碗碟，因爲他發現任何人，甚至較小的兒童，都能做這種事。我還記得從前是個小孩住在田莊上的時候，常常聽見我父親說：「你常常要做你不能做的事」。當時這句話使我聽了多麼苦惱！任何人都覺得我不能騎馬耕田和紮草的時候，我就希望騎馬耕田和紮草了，但我卻循恨跑去替人傳答口信，因爲任何比我年幼的兒童都能做這樣的事。

我記得很淸楚，當我第一次趕一輛馬到城市上去賣的時候，沒有人和我一同去，而我竟能應付裕如。因此我想起我女兒底得意的神情來了：當她十歲時，她第一次一個人計劃菜單，上街買菜，爲全家的人準備午飯。

安格絡是個八歲的孩子，他向教師請求，不上主日班，但當教師告訴他可以一人回家，路上山電車轉乘汽車時，他居然又去上學了。回來時他自負的了不得，得意洋洋地告訴別人說他是「一個人」回來的。他底人格從來沒有像當時那樣的可愛，他那種可愛的人格支持了數小時之久。有許多住在城市中的父母，過於關懷兒童，甚至連到音樂研究所或牙科醫師那裏去，都要把兒童攜帶着去，而不讓他們自己去，這樣一直要等到他們過了青春期，才放心給他們自己出去！

我們常常剝奪兒童底責任

因爲我們要保護兒童，怕他們離了我們會不安全，又因爲我們慣於覺得他們幼稚，以致我們就要剝奪他們自己照應自己的機會及自己樂於擔負的責任。我們底問題不在對兒童負責，而在允許他們自己擔負責任。

我們人類還有一些與這相同的弱點，也使我們代替兒童做選擇，思想和決斷，這種越俎代庖的事情，其實他們自己可以做得很好，而且感到愉快。我們甚至用各種方法暗示他們沒有能力，或責難他們選擇不如我們，妨害他們使他們餒氣，這種難聽的言詞，如：「我以爲你要高明些」「我以爲你要聰明些」，「爲什麼你竟做這樣愚笨的事」？是不利於我們的證據。

激起兒童底深情

父母發現如果使兒童相信他底玩皮的行爲會令他們不滿意那末他老早就不會做出使他

們不滿意的行爲了。一個兩歲的兒童，以玩笑的態度，摑他母親底臉或扯她底頭髮和鼻子，她就對她說：「媽媽哭了」，並且假哭起來。然後他便反身把她緊抱着。她因爲發現這種辦法做得很好，以後過到各種要不得的行爲，她也應用這種辦法。試想母親和兒童爲一點小小的冒犯便哭泣，又試想母親心中強迫兒童懺悔的這種試驗，你們覺得怎樣？母親很容易對六歲或六歲以上的男女兒童說這樣的話：「你不知道你是如何地使我傷心」，或「我昨夜沒有睡覺，因爲爲你煩惱」。有些母親確實是爲了兒童發生這種情緒的痛苦，而有些母親卻只是假裝痛苦。兒童老早就有「駭泣的本質」，不過後來總會消失的。如果它不消失，而繼續對兒童發生效力，那這兒童便會時時爲母親底情緒所包圍，離不開母親。他不願遠離「膝前」，若是他想離開家庭，那他便要害很可怕的想家病。

依戀兒童

當兒童就業或入大學的時候，我們總容易把父母的態度拿出來，對他表示一種極其關切的情緒。現在來講一點關於父母從家中和兒童從學校裏寫信的情形。

許多母親覺得她們必須天天寫信給她們在大學裏的兒子或女兒，尤其是初進大學的孩子。雖然回信很少，但她們還是天天繼續不斷地寫。

我不懂得任何母親一年一學期或一月內每天寫信給兒童，究竟有沒有價值。的確，一個常態的青年男子或女子，是不歡喜每天寫這樣的信的。像這樣天天寫信的母親和兒童，是絕不會隔離得開的。

許多母親接到一封回信，便繼續寫上兩三封信，如果她們繼續這樣寫一個時期，那她們對於兒童是害多易少。兒童接到這些信，不管他是如何歡樂，但他卻格外需要家庭底愛和格外捨不掉家了。尤其在一個進大學的兒子或女兒平日疏忽寫信回家，而要家中停止寫信給他的時候，母親和父親都忽然有事情忙起來了，而且要繼續忙很久的時期，那末，這對於父母便是極有利益的。因爲這樣，他們才可以少寫幾封信。

父親要多寫信給進大學的兒童

一定要母親一個人和兒童通信，那是太不好的事。父親也應當替母親分寫一半的信，無論是給女兒的或給兒子的。兒童需要他和他們通信，而且通常他也有像母親那樣寫信的時間。有些父親寫信的時間比母親還多些。

我們做父母的容易在信中把我們寫成像一些了不得的工人。我們要兒童掛念我們底健康，要他們請求我們不要這樣操勞，而保重我們自己，我們像廚子一樣，廚子看見別人沒有恭維她而想得恭維的時候，便對她所預備的食物咀咒，我們因爲想憐惜自己，便犯了要求兒童同情我們和讚揚我們的罪過。因爲沒有滿足我們底要求，我們便毫不吝用粗笨的言詞告訴他們，說我們爲他們受了許多犧牲。

我們應當自己要聰明些。倘使我們常常告訴兒童，說我們爲他們而刻苦自己，那就使他們盼望我們格外刻苦自己。父親寫信給兒子或女兒，告訴他們母親如何爲家庭刻苦犧牲，或母親寫信說父親如何爲家庭刻苦犧牲，如果所說完全誠懇，那便是必需的。但是自詡在父母方面，如兒童一樣，卻是可鄙的。

我們都極想寫教訓的信給兒童，以爲寫教訓的信，便表示自己是對的。可是我們寫這樣的信，覺得快樂，而兒童看了它，卻感到痛苦。一個大學生，只要看過幾封教訓他的信，他便知道以後看信應該從甚麼地方看起，他知道節省時間，把那些枯索無味的部分跳過不看，而看那些有趣的地方和眞正表示愛情的地方。在跳過的當兒他自思道：「她又在說教了！」進大學的兒女既然不理會或藐視我們信中所寫的東西同時他們便一樣地不理會或藐視我們自己。

因爲相信以上所說是實情，所以當我底長子進了大學之後，我寫第一封信給他，就向他自動地保證說我不會寫他不願聽的忠告給他，爲着校正自己起見，我把寫給他的信都留下一分底稿。但在每次寫信的時候，我總感覺到要給他一點忠告才好。以前我還不曉得我是個這樣喜歡管理兒童的父親，直到那時我才體驗到。不過我確信有許多像我這樣的人。

不要對兒童設陷阱

當你底兒子或女兒寫信回來告訴你那你所不滿意的事情的時候，自然你就要責罵他們。他們受了你底責罵之後怎樣呢？他們下次寫信格外小心做點。但也許他們大擔地報告你一些事情，俾們要看看你發怒。

假若你一定要做壞事，那麼你在信中責罵他們好了，不過不要用這種不恭敬的字，如：「不要」，「應當」，或「應該」。這些字是極其不敬的，父母把它們任意應用於兒童跟前是很危險的，無論用在信中或當面用。倘使你爲指導他們起見，不得不說話，那末用這類的短語好了：如「我希望你能」或「我願你不要」。即連這類短語最好也不要常用。

自由信教

關於兒童信教、擇偶和擇業，母親總要指示他們如何如何，或用感情做武器，挾制他們應當怎樣進行。有一個母親寫信給她進了大學的男孩說：「如果你不入這個教會，你母親就要愁死了」。有些父母以爲兒童沒有入他家庭所入的教會，而入了別的教會，便是個人很大的恥辱。不知有多少靑年「改教」，僅僅是因的取得父母底歡喜！全家都去做禮拜爲求一致起見，當然是有益的，而且最後大家都成同一個教會裏面的教友了，如果每人都經過了自由選擇之後。這通常是可以實現的，若是父母和子女老早就在一塊進主日學校，後來又在一塊做禮拜。聰明的父母們附和兒童（假設是學齡兒童）到各種和他們自己教會不相同的教會裏去做禮拜，而不要兒童爲着服從父母，便覺得他們應當加入父母所屬的教會，或任何別的教會。

自由擇業

關於選擇職業，我們要盡力幫助兒童，要和學校合作，要使他們認識各種有用的職業，要指示他們各種機會，能力和準備。然後，又要靠心理學家底幫助，我們研究兒童底一般的智能特殊的性向和興趣，要指導他們脫離我們所認爲他們不當從事或犧牲太大地的職業。如果他們能夠自立而且感到一種衝動和向善的責任心，那末我們就必定要讓他們盡量地去自由選擇。

這是很重要的事；兒童應當脫離與他自己能力不相稱的職業。何林華斯博士（Dr. Leta Hollingworth）說：（註三）

「常久企圖作自己能力不及的事，結果，只有引起無窮的悲慘——疾病，過失，憤恨，沮喪，嫉惡。生長在希望兒童進大學的家庭裏面的兒童，大約每十個之中有一個是能力夠不上進大學的。這種兒童直到過了青春期，沒有選擇各種職業機會的時候，才不受家庭底威嚇，責罵，羞辱和因失敗使他所感的痛苦」。

自由戀愛

如果我們要兒童愛誰或不愛誰，和誰結婚或不和誰結婚，那便證明他們還沒有養成離開父母的習慣。在舉例時和偶然的情形中，我們可以使兒童知道一時已婚夫婦之所以能結合的種種個人的特性。我們若給兒童一種良好的社會教育，也許最能幫助他們聰明地去選擇配偶。凡是老早就自由快樂地和許多別的兒童在一塊遊戲，常常打架吵嘴，把東西給別的兒童和拿別的兒童底東西，與別的兒童合作，和鄰近及學校的兒童競爭遊戲，從團體活動得到快樂，學得許多技巧，找到各種表現自我的方法使團體滿意，具有自己所無的常久的興趣，而腦中有社交觀念的兒童——他們便有機會，可以充分地準備去選擇一個良好的配偶。

復次，凡老早就自立而負有各種責任，知道照應自己，知道為自己選擇和為自己着想，老早就樂於準備自己謀生，使經濟能獨立的兒童——他們便有良好的機會去訓練聰明地選擇配偶，及使自己適應那種選擇。

仍未脫離父母的成年人

何林華斯博士在她底青年心理（以前已論及）一書中，討論過青春期的公共禮節（這些禮節，原始人民已實習過）之重要以後，便用專章研究心理隔離。當將近成年的男女離開家庭，獲得經濟獨立，形成自己的人生哲學的時候，在這些禮節中，必須予他們以明白的認可。

後來因為文明進步，此種習慣就漸漸消滅了，而結果許多從未離開父母的成年人，便繼續用

各種方法依賴父母，

心理隔離

在心理隔離上，至少有兩種態度和習慣必須廢除的：一方面是父母，他們的親戚及社會的態度和習慣；另一方面是兒童底態度和習慣。這兩方面的態度和習慣都與新態度和新習慣處於相反的地位，如果兒童底幼稚行為除去了，那這種新態度和新習慣便一定會產生。雖然為着培養正常的人格和有效地實行一種生活計畫必須除去這種幼稚行為，但這往往令兒童感覺有點痛苦；許多人都從來沒有把這幼稚的行為改除掉。因此一般有依賴性的青年，也許要常住在家中或常跟親戚在一塊，否則，他們便會終身害想家病的。想家病是一種嚴重的精神病，它會使病者感到很大的痛苦，人格受損傷，破壞工作效能。這是我所知道的。我長到十六歲的時候，還不曾離開過家庭，直到我動身到十六哩以外的學校去讀書，我才離開家庭。我入校之後，便害了想家病，才過完三個星期，我就忍耐不住，於是走回家去了。雖然我覺得我在家中曾經學了許多關於自恃的教訓，但我仍然缺少一件東西——離開家庭。

要在兒童初期立下做成功青年的基礎

「兒童忠於保護他的父母，服從管理他的父母，不用費力而得到食住的安慰，孝敬父母——

這，在長久的兒童時期，強烈地發展起來，給了兒童很深的印象。

「要做一個成功的青年，就必須按步就班地在兒童時期立下基礎。一個十八歲的青年，能抵抗想家病嗎？兒童若要抵抗想家病，大半要靠父母在兒童初期就培養兒童底自立精神和進步的態度才行，又要靠父母對兒童的態度如何，他們是拿他當做關於他們的，還是讓他關於自己和他底同時代的人物，尤其要靠兒童達到某種年齡，父母夜裏下「摟抱他」，不替他洗耳朵，不給他手帕，不叫他做「小羊兒」，不當着大家底面吻他，不替他穿衣服，不代他在桌上切食物」。(註四)

湯姆博士說(註五)：「兒童依賴父母的趨勢及其對於感情束縛之不能打破，是造成青春期的自卑結(inferiority complex)之一種主要原因。

「凡是在三歲時喂兒童底飯，五歲時替兒童穿衣，八歲時送兒童上學和接兒童回家的父親——他會感覺到叫兒童和朋友們過一個假期或叫他在十二歲時去參加露營是非常困難的」。

在兒童沒有露營或入大學以前

假設你有一個六歲十歲或十五歲的男孩或女孩，而他從未離開過家庭的保護，我勸你們父母兩人就離家一夜，把他好好地留在家中。或為他布置一切，讓他在和他同年紀的一個兒童家中過一夜或一週末。如果他是一個童子軍，他就有徒步旅行的習慣，而在外面過夜。若是可能的話，每個十歲或十歲以上的兒童應當有幾星期的露營，以後還要有整個暑假的露營。當他去露營的時候，你不要對他表示懸念，猶如他每天早晨上學去一樣，不要對他說這樣幼稚的話：「你不在我身邊，我似乎有點感覺不安」，或「你覺得不要想家嗎」？

有許多兒童有露營的機會，甚至被強迫去露營。他們還是不願露營，那是因爲他們太感覺到需要家庭的保護和害怕與別人發生新的接觸。遇到這樣的兒童，你不要使他懷疑，告訴他這種露營正和到學校去一樣，使他完成露營的工作。這種對他積極的提示，差不多每次都是有效的。

當你底兒童進大學的時候，你不要以爲他一去有多久；只當他去幾個鐘頭一樣。你寫第一封信給他，要避免任何忠告的話，不要暗示你想念他，祇把家務告訴他，插入一點你隨時想到的幽默事件，或寫下一些你新近聽到和讀過的笑話。假若他寫信來說他想家，你就完全不要睬他，下次去信，你多寫些笑話告訴他，把那與他想家毫無關係的事情，對他作客觀的敍述。

經濟獨立

有些成年人從來沒有脫離過父母底經濟幫助。在一個仁慈和體貼子女的家庭裏面，父母過於縱容兒童或爲兒童作許多不正當的犧牲，我們常常看見這種兒童從來不知道依靠自己。因爲他們底母親過於愛護他們，家庭過於幫助他們，他們也許從沒享受過個人的特權，又沒有努力奮鬬的勇氣。

你我都知道有許多結過婚的少年人，他們自己新家庭還要仰賴父母供給衣食住。即使父母底經濟負擔很輕，能夠供給這般仰賴他們的人，但這對於他們兒媳底道德品性及孫兒底道德品性會發生甚麼影響呢？只有使下一代的子孫不敢做任何事情而變成一些寄生蟲！

無疑地這種人，縱然有了兒女而仍要夫妻離異時，還以為兒女底祖父母會照管他的兒女的，年老的父母，因為子女離婚的次數增加，所以經濟負擔很重。如果父母知道他們治理家庭，必須依靠自己，他們就產生一種較強的動機，要彼此相處很好，而且住在一塊了。

我們有價值的目標，就是不但不要依賴父母經濟的幫助，而且要在父母年老貧困時，願意幫助父母。

使兒童依賴父母經濟的幫助

我們供給兒童底不斷增加的欲望，使他養成依賴性，他這種欲望也許是超過合理的需要的，差不多任何父母都會違反他們最好的判斷力，甚至違反他們起初的不同意，而不得不替兒童購買瑣碎的東西，並不是因為兒童得了這些東西便有益處，而是因為兒童強求着要買。如果不滿足他底欲望，他就不快活。試看五歲的包立維爾和他母親到街上去，便要求母親替他買東西，糾纏母親，直到滿足他底欲望，他才干休，其實買了這一樣不一會，他又要買那一樣。所麻煩者，這樣的兒童是不會快樂的；他不快樂，是因為受那些鼓勵他達到他底目的的種種方法底影響。對父母和旁人最討厭的事情，莫過於兒童強求要買娛樂的東西。

凡兒童一切欲望差不多都滿足了而還不能不勁感情地接受最後一次的拒絕，那他便不會快樂，並且不會討人歡喜。

父母缺少計畫便容易使兒童養成要求的習慣。當兒童在尚未達到能自己買東西的時候，在他可能看到，甚至想到他也許要買的特殊的東西以前，他就應認清：只有某些東西是可以有的，而且只能限於某些時候。父母要確定預算，為兒童花多少錢買娛樂的東西，花多少錢作家中其餘的用度，又要在相當的時候使他知道為他所花的錢的限定數目；並且對於這種預算，一點不能改動。試想一個品性變壞而不快樂的兒童，他父母每次出外買東西，無論帶他去，或不帶他去，總要買一點東西給他，又他父親每次出去都要帶些東西給他，你看這樣的兒童如何？

有些兒童得到了他們所要求的東西，便認為他們底父母是一種送聖誕禮物的老人（Santa Claus）常常給他們東西，而他們常常得到東西。這樣，他怎能學到不自私自利的習慣呢？他有甚麼動機去學習自制和自立呢？他對於東西底價值，得不到真正的認識。他以後藉努力工作，或可滿足自己的欲望，或不能夠。

依賴性對於兒童以後的影響

許多青年男子不結婚，只因他們不知道一個人如何供養家庭。他們常常滿足一切的欲望。甚至一個體智兼強的青年，也會墮落下來，要仰賴家庭底供給。有許多青年，實在極力想使自己成為有用之材，可是他們底父母卻不使他們達到這種目的。又有些青年，爲着博得父母底歡心，讀完了中學，在老早能夠進大學或離家就業的時候，卻不能鼓起勇氣，離開他們親愛的人們。

假設安辿在家庭附近找到了職業，而薪水頗豐，他也許把每月所得的錢花掉，甚至還要父母補助他。他也許自己不付膳宿費，而甚至衣服都不自己買。他也許無意結婚，因爲他怕離開家庭，假若他結婚，他就要住在父母寓所的附近。無疑地，他希望他母親幫助他照應嬰兒，甚至幫助他妻子料理家事，許多祖母照管孫兒，使自己疲勞不堪——縱容孫兒令品性變壞也許——吃力不討好。

有一個我所知道的大學畢業生，他薪水頗豐，但他底生活費用，卻超出了薪水之外。他父親花錢替他製衣服和買香烟。那位父親是從困苦中奮鬬出來的。他現在正以自己的薄產，教他成年的孩子依賴他。世上還有成千成萬像他這樣善良的父親哩。

兒童底憂愁

兒童有憂愁，所以他們應當得到同情。我們要培養他們自立的精神，好叫他們在父母逝世的時候，能夠「順變節哀」；在遇到憂愁的時候，能夠以堅忍的態度去應付。兒童完全依賴父母的時光越長，那末，父親或母親死了，他所受的打擊便越悲慘。爲着在我們死時使兒童節哀起見，最好教他們趁早養成自立的精神。

一個預防的計畫

為避免使兒童受害起見，你要趁早教他們自立，教他們自己照應自己，教他們節省金錢並好好使用金錢。要早早給他所需的費用，訓練他自己支配這筆費用，合理地決不使他亂用它。要使他得錢不易。如果任何時候可能的話，就讓他去自己尋幾個錢。不要使他常時跟在你身旁。要使他不在你面前時感到安適使他知道要以自己個人的能力準備謀生。盡力給他最好的教育，使他得益。當他預備就業的時候，你要盼望他得到職業，使他覺得需要自己尋錢維持生活，並有點儲蓄，除非患病或遭遇不幸，不要給他經濟上的援助。若是給他經濟上的援助，就算借錢給他，而且要以純粹商業性質，取他一張私人借據。如果他住在家中，就算他付膳宿費，好像他是一個生人一樣。在他未結婚以前，就告訴他，他應當事先計畫，供給自己的家庭。父母是不得替他開銷家用的，又不得替他教育子女。你這樣做去，既為了他底幸福，同時也為了你自己的幸福。

除非少數事情，我們做父母的必須早早干涉兒童之外，(例如：我們教他們必須自制，使他們尊重父母管束權並尊重他人底權利。)我們要把他們當作「大」人看待，自然不是盼望他們判斷力成熟，又不是盼望他們和成人遵守同樣的習俗。我底女兒給我和她母親最大的恭維話，就是他有一次告訴她一個朋友說：「我底父母把我當做一個成人看待」。我不知我是否應得這種恭維。

（附註）

註一：自立(Self-Reliance)十九頁至二十頁一九一六年紐約 Bobbs-Merrill 出版，

註二精神適應(Mental Adjustment)三二一頁；一九一七年紐約 D. Applenot 公司出版。

註三青年心理(Psychology of the Adolescent)八七頁一九二八年紐約 D Appleton 公司出版，

註四見何林華斯著青年心理四一頁至四二頁，

註五日常兒童底日常問題(Everyday Problems of Everyday Child)二〇一頁；一九二七年紐約 D. Appleton 公司出版。

第九章 膽怯的兒童

許多父母甚爲膽怯的兒童擔憂。他們所擔憂的，就是膽怯的兒童怕見成人。這種兒童在他父母一定要他表現成人的習俗的行爲的時候，他不但不與成人握手或先向成人說話，而且溜之大吉。這種情形似乎在兩歲與十歲的兒童之間最易發現；原來不怕羞的兒童因爲被迫和生人說話，會馬上怕羞起來。

引起嬰兒害羞

有些兩三歲的嬰兒怕見生人，尤其怕見某幾個人，引起兒童害怕的也許是年高望重的祖父母或其他的親戚。這種成年人眞不易應付他們常常堅持着要接近兒童，甚至不管他底反對和沮喪而拉住他。有些父母只顧成人而不顧兒童底感情，不保護兒童反介他痛苦，希望他趕快慣於這種使他困難的事情。比較聰明些的成年人，不去站到不會走路的嬰兒跟前，又不叫年長的兒童走到自己跟前來如果他們能夠長久的忍耐，那末兒童就會漸漸地鼓起勇氣來適應他們，甚至和他們發生友誼。但是，他們假若強迫要和兒童接近，那就會引起兒童害羞這種害羞說不定一時改不掉。

有些鄰居和偶然認識的人，遇到年幼的兒童，便希望他和成人一樣地與他們打招呼，如果他退縮，他們就使他苦惱強迫他按照習俗的方法招呼他們。他底母親，因爲怕得罪成年人，便強迫他照她所希望的方法做，甚至責罰他。若是他天性很好就不致受責罰，不過他要格外感到害羞。很奇怪地，他母親總以爲他膽小只是因爲他底舉動異乎「尋常」。她只顧及「壯擺門楣」，而不顧兒童底情感及其以後的幸福。自然那煩惱兒童的成人，希望兒童底母親舉止「適當」，以「尊重」她自己，他又與她一同傷害兒童底人格。

膽怯的馬格答底例案

有一次，我在一家藥店裏，看見五歲的小馬格答掉了一分錢，滾到我脚底下，我把它拾起，交給她。她接着，很害羞，不看我，又一句話也不說。她父親吩咐她說：「謝謝那人」，她沒有理她父親，只把頭格外向下垂，拿手指緊緊地抵牙齒她父親一連說了幾次，都不見效，便用手搖動她，後來我勸他不要搖，他才停止。我覺得他就把她搖死，恐怕她也不會聽從他底話，因爲她害怕和我說話比害怕他使她痛苦還利害些。馬格答並不想違背她父親底命令，雖然她父親以爲她是如此，她只是默默無言。她底痛苦使得她這樣，但那父親對於別的事情卻是很聰明的。

受爸爸威嚇的膽小兒童

有一次，一位心理學家到一個商人底午餐俱樂部去演講，題目是「如何了解小兒童」，在未開講的幾分鐘之前，那位主席，一個受了高等教育的紳士而又是現在商界任職的人，自動地說了下面一段話：

「有一天，我妻子把我底小孩帶到這俱樂部來，她把他放在這裏和我吃午飯。我把這小孩送到一個朋友跟前，這小傢伙低着頭一句話也不說，當時我對他說，等我回家，我要打他；後來我打了他，我把他肚子按在床上，用一根碼尺打了他一頓，要他記得下次遇到我底朋友時，知道如何應對」。

許多兒童，被父母誤認爲不服從命令，而受各種責罰。其實他們是怕和生人握手，說話。

假使那小孩被送到客人面前去的時候，他踢客人，吐唾沫到客人臉上，或駡客人，那末，給他立時的責罰是對的，而且是有效的。這種責罰用來阻止兒童底特殊行爲，使他感到不快。不過，用恐嚇與責罰來使兒童對於這種已經感受痛苦的行爲引起注意，非但是無用的，而且是令大人痛苦的。有許多父母別的事情都很聰明，卻要用強迫的手腕，令兒童在社交時使別人感到快樂和舒適。這是多麼荒謬！最引起兒童反感的或使他害羞、膽怯和自覺的事，莫過於此了。

無疑地，許多終身的人格上的缺憾都是由我們上述的那些經驗裏而產生的。在上述的兩個例子當中，那兩位父親都是爲的保護自我，企圖避免朋友底非難，而對兒童底情感和人格完全不注意。

那兩個爸爸當時應該怎樣辦呢？當馬格答底父親叫她「謝謝那人」的時候，這句話，便足以保持他做父親的身分，而同時又能給兒童一種行爲的標準。當她躊躇不答的時候，他就不該再要她說「謝謝那人」了。

至於另外的一個兒童，當他被送到那成年朋友面前而不答話的時候，他父親就不應再提此事。如果那客人一定要他回答，他父親就要轉移客人底注意，使其不致再使他受窘，然後又告訴他一些關於俱樂部的有趣的事情和活動；倘若他有問題，便回答他，並用各種方法幫助他感到安適。這樣，無疑地，不久他就會很隨便地和他父親以及他父親底朋友們談話了；最後離開這地方的時候，他就會有一種快樂的回憶，而且希望以後再來到這俱樂部和他父親吃一餐午飯。

父母使兒童格外害羞

又有許多父母，見兒童在成人面前害羞，便表示失望，而對兒童說：「我以你爲可恥」；或說：「你不懂禮貌，好像從來沒有受過教養一樣」。這樣便發生了困難。兒童害羞之所以引起母親煩惱，是因爲母親以爲兒童不能按照習俗應付成人，責任應當她負，又以爲這便暗示她自己不懂禮貌，或她沒有培養兒童良好的禮貌。

或許十個父母之中，有九個是用這樣的話：「不是，那隻手」。使兒童有所感覺的，有時客人也會這樣說。兒童伸出左手向人握手，就很好了。爲什麼一定要麻煩他去用右手呢？他後來自然會按照習俗用右手的。關於這類事情，我們成人所須做的，只是體貼、同情和忍耐，總而言之，我們要聰明些。兒童之所以感受無窮的痛苦，是因爲父母和別的成人社交時，怕別人說他們對兒童教養不良。

基本的工作，就是要使兒童早早曉得尊重別的兒童底權利，甚至成人底權利。懂得了這種基本的禮貌，其它爲他所不注意的小節，便慢慢地會被他注意到，如果他看到好的榜樣。這樣，他便可以在成人面前感到安適了。因爲他希望感到像成人一樣，自然就會模倣年長者底文雅態度。但是在他未能學會這些成人的習俗以前，我們就要他具有這些習俗，這便會使他在成年的生人面前感到痛苦和不安。

加愷爾斯（Jessie Charters）說：「往往『好』小孩，就是害羞和沈默的兒童，他時時有『自卑之感』。別人注意到他，便要稱讚他一句，但是注意他的人卻很少。他底好鬭的兄弟或姊妹，雖然常常煩惱，但能得到好鬭的好處，家庭常常注意他們，他們底非法行爲引起別人底注意」（註一）

議論兒童底短處

一般父母普通所犯的過失，就是當面談論兒童底膽怯和其它的缺點。當他們正在談論時，別的成人往往或偶然加入，連成一氣，把時間延長談論兒童底短處，笑他最吃窘的事情，甚至嘲弄他。他母親說：「可憐的小森這樣怕醜」。接着鄰居太太又加一句：「我猜他底舌頭給貓偷去了」，於是大家便哄堂大笑。只有這小可憐蟲不笑。不但是知識淺薄的父母及其朋友會做出這種使兒童難堪的粗野行為，而且各種受過教育有知識和「社交才能」的人們都犯這種毛病。在比較貧苦的大家庭裏面，父母沒有獲得社會地位的野心，兒童在成人面前害羞的情形也很少。

凡希望不傷害兒童人格的父母，雖然能用巧妙的暗示，使朋友不去傷害他們兒童底人格，但不能常常把朋友應付得很好。不過，他們自己確能使自己不去傷害兒童底人格。

把年幼兒童送到客人面前

無論在家或出外，都讓會談話的兒童在客人面前，好像是一個成年人一樣。假若他不願回答客人底話，那你就不要管他那種態度。他底手和舌頭是他自己的，他要歡用就用，只要他不用它們煩惱別人就得了。如果他見客人時退縮，就讓他去退縮。除非別的兒童可以和他遊戲，他應當自己有些娛樂，而且有娛樂的工具，可以獨自做有意義的遊戲，這是實在需要的。不要讓他把玩具拿出去擺開，又不要鼓勵他在成人談話時，做大家注意力的集中點。要激發他利用玩具，自己創造某種構造，或有所發明；當客人將要告辭而獎勵他底發明才能和自己娛樂時，他便會把創造的東西拿來給客人看，希望得到稱讚。

在成人面前的勇氣是不重要的

父母在許多情形之下，描述兒童底膽怯，這些覺是不應當有的事。我們忘記了兒童大部分的生命是要和他同年紀的別的兒童在一塊活的，又忘記了那和他早年在一塊游戲的一些別的兒童，雖然沒有機會作出循規蹈矩的樣子，但日後長成了成人，他卻可以漸漸地和他們練習社交儀態。我們應該擔憂的，不是那見了成人就害羞的兒童，而是那見了別的兒童就害羞的兒童。父母在等兒童生下後，能把這件事實記在心中，就不會有害羞的兒童了。

我們主要的目標，是要使兒童和別的兒童相處很好，使他保守自己的權利，尊重他們底權利，並互相享受彼此的友誼。凡是自從能行走的時候起就自由地和別的兒童在一塊混，時而打架吵嘴，時而合作遊戲，而絲毫不受大人干涉的兒童——他自然會得到在他團體裏面應當如何應付別的兒童的方法。等他到了青年時期，他便能對那般與他同時長大的人們底種種習俗，應付裕如。

怕見成人

有時一個在兒童中間很勇敢的兒童，見了成人卻害羞，也許不過於害羞，因爲他平常總是和他同年紀的兒童在一塊，沒有受過成人底行爲的拘束。他也注意別的兒童和成人在一起而感到安適。

從另一方面講來，又有許多兒童，他們避免別的兒童，而很能適應成人，他們見那般稱讚他們有禮貌的成人嘉許他們，便非常感到滿意。他們底父母看見成人稱讚他們底兒童，遂覺榮耀和驕傲。於是獎勵兒童對成人習俗所發生的反常的興趣結果，兒童便自動地變成不能適應他底同伴了，所以格外要避免同伴。差不多他一定會被他底同伴稱做「女性的孩子」。凡是在成人面前害羞，那止笨拙，而在別的兒童面前卻是一個很好的童子軍的兒童——他將來的幸福，比那不講社交的兒童底還要大無數倍，而那不講社交的兒童卻被他母親底朋友稱做講禮貌的模範兒童。但是我們要兒童有禮貌地應付成人而不害羞，也是可能的。

青年人害羞

兒童在早年被強迫適應成人的習俗而沒有成功，後來到了青春期，經過青春期，也許終身，便格外感受害羞的痛苦。不過大多數的青年，見了成人感覺害羞的痛苦並不如見了別的青年，尤其在常成人底而見了別的青年時所感覺的那樣厲害這是因爲他們早年沒有和同伴作社交的適應，或缺少此種適應所產生的結果。

年幼兒童的正式敍會

爲着發展兒童底人格，兒童底正式敍會，是不須在青年期以前舉行的，因爲到了青年期，他們纔有集會的興趣。試想一般成人，強迫兒童舉行敍會，眞是愚蠢的罪過。爲坐在小車子裏的兒童舉行非正式敍會，幾個男女兒童最好是鄰近的兒童，他們沒有性的配偶觀念，彼此口頭或心中互相了解，一齊來到一個家庭裏聚會，由大人用合理的方法監督他們，使他們歡樂，不要給他們食物或獎品，以免引起吵鬧，這便是最好的社會教育。以後兒童越有機會在這種聚會裏而尋到快樂，便越能獲得健全的發展。如果在這種聚會時，備有茶點，女主人就要領導年幼的兒童表示自制，不可多要東西，須得顧及別人。無論甚麼時候，不可鬧得一團糟。兒童能夠而且應該學習適當的自制。在一個受過教育的安詳的男主人或女主人監督之下，他們自然會安分的。把那般不守家庭規矩的兒童排除掉，而使家庭的規矩合理化。使家庭成爲一羣兒童的聚會場所，兒童便會養成良好的社交習慣。

害羞與一般的恐懼

見了成人或別的兒童便害羞的兒童，無疑地在各種現象之下會發生許多恐懼。的確，一個兒童發生這種恐懼愈多，他在一個新情境之中便愈感到不安。通常他缺乏自信，雖說有些兒童他們並無與其他兒童相同的恐怖，然而也許有很強的人格上的缺憾。一個兒童怕黑暗，蟲，或癩蝦蟆，別的兒童也許因此笑他，說他「膽小如鼠」。他們又會拿這些東西來恐嚇他，正要看看他怎樣地受驚嚇。有些成人有些特殊的恐懼，如怕雷暴，蜘蛛或黑暗，因爲它們會使他們極端地感到苦惱。他們最大的恐懼，就是怕別人知道了他們怕這些東西，而來嘲笑他們。兒童和成人一樣，他所最怕的，是恐怕他底同伴知道了他害怕，當一個人失掉自尊心和自信心的時候，他便會極力地來遮蓋這些恐懼。

抑制的恐懼

我們盼望男孩子比較女孩子勇敢些。一個從六歲到十四歲的女孩子看見耗子就尖聲地叫着跑了，她避免到黑暗的廳堂裏去。當起雷暴的時候，她表示不安，而毫不怕別人非難她或譏笑她，甚至公然承認她害怕，保持她女子的地位。但是一個和這女孩同年紀的男孩，別人卻盼望他「勇敢」。他底父母，尤其是父親，見他稍露一點膽怯的樣子，便罵他羞他笑他，別的兒童，甚至那些自己也害怕的兒童便拿他開玩笑。不管他底恐懼是怎麼利害，怎麼常常發生，都沒有關係，只要他看見可怕的東西，處以忍耐鎮靜的態度，總比立時現出恐懼的情狀要安適些。有些父母向作者報告一些極端恐懼的例子，其中以男孩恐懼的例子比女孩多幾倍。又據報告自五歲至十二歲的男孩，卻比較很害羞，如同那避免和別的兒童衝突的坐在小車裏的兒童一樣。無疑地，這類男孩恐懼的比例將會減少，其情形猶如女孩子會漸漸地如男孩一樣地遊戲，女子會漸漸地確定她們自立精神。

莫爾登（Morton）（註二）說：「兒童在兒童時期，直到過了青春時候，還被各種恐懼所纏擾。各級學校裏都有粗暴的兒童。一個神經易感的兒童，頂容易把粗暴的兒童看做非常厲害的，其實他們並不如他所想像的那樣厲害，他因爲想到用計策攻擊那壓迫他的粗暴兒童，及想到對方御會以計破計，便幻想過度，以致失望。因爲他有自衞的本能，所以他最關心的事，就是如何運用機智勝過粗暴的兒童」。

練習打拳的價值

有一次，我聽見我底八歲的男孩對一個怨恨學校裏的粗暴兒童的孩子說：「我找到一個方法對付他們了。當他們沒有注意我的時候，我溜到他們背後，給他們重重地打一下就跑我發現他是一個很好的拳師，不過希望他爲着避免粗暴兒童的明顯的恐懼，能夠更公然地籍打拳的本領保衞他自己。

巴貝說（註三）：「我們應當教訓一切膽怯的男孩打拳，應當鼓勵並強迫他們抵抗一切侵犯而保衞自身。利用打拳保護自身是很少危險的，因爲當一個男孩表示他有能力或甚至表現自己要抵抗和他同體重同身長的兒童，那末，在學校場所和遊戲場的年長兒童就會來保護他而抵抗粗暴的兒童。

減少對恐懼者的斥責

成人或兒童，每次承認自己恐懼而想得到別人底幫助，便說：「現在，請不要見笑」，或「告訴你一件這樣恐嚇的事，在我是很羞恥的」，當他們確信許多人都有此種恐懼的經驗，所以他們不必為了自己恐懼而覺得羞恥，這便是他們最大的寬慰。

當我們確實告訴兒童或成人，叫他們有什麼恐懼，不必瞞着我們時，我們便能促進他們底人格。阿德勒（Alfred Adler）曾指出並強調「對恐懼者的斥責」和「自卑之感」。芮威爾斯（Rivers）也曾說：「從嬰兒時期起，父母和教師底影響便阻止兒童對恐懼作任何的表示」。我們應當以正當的方法處置這類恐懼的事情，恐懼者確實害怕這類恐懼的事情。我們要幫他戰勝它們。我們認為它們是討厭的東西，而不是斥責或譏笑的對象，這就是我們幫助了他，我們對待他應當要像對待一個扭了腕，傷了指，或斷了腿的人一樣，我們如笑一個恐懼的兒童或成人開玩笑，便會使他格外自怨自艾，因為我們破壞了他底自信心，剝奪了他底壯膽的方法。

生理的柔弱與膽怯

膽小的兒童，不見得個個生理上是柔弱的，打起架來，又不見得不是他同年齡的兒童底對手。

但有些運動家卻非常地害羞。從另一方面講來，體重不足，身軀太小的柔弱兒童，也許往往是膽小的，因爲他和他年紀相同身體較強較重的兒童作生理上的競爭時，也許支持不住。有些人服魚肝油和吃精選的食物便能免除膽怯的毛病，不過須同能獲得生理上的技巧——例如角力和打架。不幸柔弱的兒童總是被父母或較強的兒童所保護。這種保護會使他增強「自己柔弱」的觀念並阻止他爲自己的權利而和人鬭爭。

由於過於保護兒童所生的膽怯

兒童的膽怯，有許多是由於成人，尤其是父母，未能瞭解所致，而有許多是由於過分的保護的緣故。這便是造成兒童畏懼別的兒童和造成一種非社交勢趨的基礎。真奇怪，凡譏笑兒童錯誤，使他羞恥，不要他發問題的問題，見他沒有向斯皮克先生請「早安」或沒有和克利爾太太握手便責罰他的母親——也許就是這樣一個母親，她從來不出外，因爲嬰兒在她後面哭得很可憐。她每星期早晨在主日學校的幼稚園裏緊着他坐着，因爲他要她緊着他坐着，她後來看見他在遊戲場上和別的兒童吵嘴便替他排解，見他打架敗了便保護他，教他做一個喋喋不休的好哭的嬰兒，禁止他和街上別的兒童遊戲，因爲他們太壞太粗野。又，她也許是這樣一個母親：她每天早晨，在兒童上學以前，替他洗澡，替他找衣服和背褡，在他後面趕着把練習本子和音樂本子送給他，喂他飲食，替他穿衣，叫他做「寶寶」和「心肝」，分別時吻他，直到後來還吻他，只要他允許她吻，全心全力地朋應他，他十四歲時，還把他當作一個四歲的兒童看待。

實在地，替兒童做事太做多了，便是培養膽怯的一個方法，而引起兒童底社交勇氣，便是培養他自立的好方法。

自炫

有些嫌惡你我的成人，在某種情境之下，不能用他們底舊習慣和舊經驗來作社交的應付，便模做別人底行爲，而假設他們必定可以適應當時的情境，這種人便是「聰明的隨機應變者」(smart Alecks)當時他們不說原來要說的話，而僅說一點「裝門面」的話，希望表示自己聰明。

利用這種方法避免受窘，而尋得暫時的寬慰，是每個人至少都要犯一點的罪過。姑且認爲這是事實，如果兒童也和成人爲了同樣的理由，而弄這種「模做的聰明」，我們就應當同情他。一個三四歲的兒童和年長的兒童在客人面前，也許會自誇，這並沒有甚麽別的原因，只是他以前這樣做慣了。兒童在客人面前所表示的大部分的行爲，都是爲的努力避免痛苦，甚至很明顯地是爲的努力引起別人底注意，例如當別人老是不睬他，使他忍耐不住而感到痛苦的時候。如果當時他能夠參加談話，把他個人的某種經驗向別人作簡單的敍述，或把他長期努力作出來的東西展開給別人看；又如果他能做些與社交有易的事情，例如幫助招待客人，那末他就感覺不須做出些古怪的行爲了。

烟幕式的自炫

一般青年會在別的青年面前，做出許多令成人看來是很煩惱的事情，這便是他們逃避苦惱的一種方法。引一段布洛克斯(Brooks)底話如下(註四)：「青年底勇敢、自信和喧囂都不能表現他自己，正如他有些時候對於事情表示冷淡的態度之不能表現他自己一樣；這勇敢、自信、喧囂和冷淡實在都是害羞的表現，一種隱藏膽怯的自衛之反應，尤其年長的青年們更是這種情形。一般大學畢業生離開母校時，並沒有那種自信和自炫如漫畫家每年在他們舉行畢業典禮時所描繪的一樣」。

爲保護自己起見，向別人作出種種反應，這種想掩飾「自窘」(self-embarrassment)之烟幕式的努力，也許會使一些兒童認爲它很滿意，便永遠利用此種方法，而變成通常被別人解作自誇的習慣的行爲，過於受家人保護和誇耀的兒童，尤其當他有了某種特性，或獲得某種超羣的技巧時，也許會養成永久自誇的習慣，雖然他繼續以此種態度對待成人，但，如果他自由地和他同年紀的朋友在一塊活動，那他此種態度便有顯著的改進，甚至在新情境之中，和他不相識的同年紀的人接觸，他也許會故態復萌，把那顯示自誇而令人不快的習慣表露出來。有人說他具有一種「自負情結」(superiority complex)。

除非兒童過於煩惱別人，而別人必須自衛，我們才在他自誇時干涉他，否則，我們只謹愼地給他一些暗示，使他底行為變得可喜點。通常申斥和責罰只能增強他以後對於這種不良行為的恐懼。倘使我們在當時能夠控制自己等幾小時以後遇到適當的時候，他和我們都平心靜氣的，我們就可以用幾句同情的話教他（如果他年齡過了六歲）知道他底行為不但得不到人家底嘉許，而且引起人家底輕視；又我們可以使他將來避免此種行為，這不是為的使我們快樂，而是為的使他自己得到個人的滿足和可愛。

健全的侮弄是正當的

侮弄（hazing），除了在某種情形之下，會發生性命的危險及損害健康之外，它在中學裏，大學團體裏，宿舍團體裏，及祕密階級裏，對於軟化「自負情結」和幫助「聰明的隔離應變者」發現他自己的地位，無疑地是很有價值的。假使約瑟夫（Joseph）不被他底兄弟侮弄，把他拋到坑裏，又把他賣給流浪人，他也許變成了一個自負和諂上驕下的人了。許多聰明的兒童，深得家庭的寵愛，因為缺乏適當而及時的侮弄，就不能嶄露頭角。健全的侮弄使許多有希望而好鬪的青年男女養成了喜歡交際的習慣。

你我都曾看見許多不懂得自己地位的人們，他們自負成了習慣，以致使大部分與他們同年紀的人見了他們那種態度，不能忍受。這是因為他們缺少某種教育成分的緣故。不過我們仍能幫助他們，替他們想補救的辦法，雖然這種補救辦法在他們看來，也許是很嚴厲的，他們越需要此種

補救的辦法，在進行此種辦法時，便越要受痛苦，

對於天資聰穎的兒童應取的態度

家庭對於天資聰穎的兒童有種種嚴重的危險。天資聰穎的兒童底父母，知道了他們兒童底智力商數（I.Q.）很高，便喜不自勝；他們是應當歡喜的。但他們並不集中注意力，發展兒童使他適應社會，反倒因爲得意揚揚，而弄得精神錯亂，不知如何是好。他們堅信兒童聰明，是受了他們遺傳的影響。他們看兒童底某種聰明，反映在他們自己身上——他們於是在社交時便感覺榮耀，他們把他們兒童聰明的這種新聞，傳徧於鄰居和親友之間。他們當兒童底面，誇讚他底才能，宛如他得到他底「知識」，僅僅是因爲努力的關係。

他們底朋友和親戚，輪流地提到兒童底優越的能力。有一次，一個驕傲自負的七歲男孩，走到我辦公室來，高聲地叫着說：「我底智力商數很高」。他底等第是一百三十五。但他在學校裏兩年，都不知道讀書。可是他聽過別的兒童所讀的書，便能背誦，因此他常常愚弄他底教師。當我教他讀書的時候，他非常自負，令我感到很困難；不知如何去指導他學習才好，

智力商數高的兒童，不見得個個都是討厭的；有些確實很可喜；然而他們自負的機會，比一般笨拙兒童要多些。這是何等不幸，他們都有做社會領袖、發明家、事業、商業、科學、藝術、和音樂創造家的可能，而不能做到。假若這種兒童底父母不掉轉頭來，使他們在家中受理智的訓練，那末他們都

要像花朵一樣，「鮮紅地長着，無人觀賞，把芬芳消散在荒野中」。

在家中訓練聰明的兒童

優秀的兒童需要確實訓練責任心。他們應當爲家中做些苦工，並且要嚴格地做去，一定做得很好。他們必須訓練做簡單的事而做得很準確。他們日常在家中做事，應養成準確的習慣。他們應當養成自我犧牲和運動家底精神。他們因爲聰明，常常勝過別人，所以他們在遊戲時，勝利不應自誇。失敗不應發怒或沮喪。總之他們應當練習謙讓，和適切地尊重別人底權利和感情。

無論他們底技巧如何地精，無論他們如何地聰明，假若他們不令人歡喜，便不能做別人底領袖。他們在同伴中，達到他們聰明才力應有的地位，不是藉能力和武力得來的，而是他們在社交時，那種可愛的態度底影響。

父母也有權嗎

我們在本書中以及別處，曾懇切地請求兒童底父母們體貼，了解，並同情兒童。但父母們就沒有權了嗎？兒童合理地尊敬長輩，使長輩愛他們，難道長輩不要賜給他們一些東西嗎？那一定是有的。一切很小心地被父母尊重人格的兒童，卻不會常常對長輩有所報答。許多心好的父母，極願遷就兒童底意思，譬如走路，他們不但願意再和兒童走一哩，而且願意再走一百哩；他們不但不做獨衣穿，而且要把穿了幾年的舊衣穿壞，而省下錢來給他們底兒女做時髦衣服；兒童要甚麼，他們不但給甚麼而且兒童不斷地要他們便不斷地給——像這樣的父母因爲使兒童後來養成了貧乏的人格，所以他們到了老年自己窮困時便得不到兒童底愛和孝，雖然他們曾爲兒童犧牲一切甚至犧牲自身，在所不惜。

俄舌那論親子之情

俄舌那（O'shea）譏美美國人底親子之情，把它與歐洲人底親子關係，作一不同的對比，然後懷疑美國的許多兒童是否爲他們所應當地那樣尊敬長猪。引他一段話如下（註五）：

「美國兒童對父母所表示的尊敬不及歐洲兒童或東方的兒童可是他們親子之間的情誼卻比任何國家人民底親子之情要深厚些，他們父母與兒童常常伴在一塊他們彼此對待，好像游伴一樣，彼此在一起游戲時處在同等的地位。孩子喊父親做「爸爸」這「爸爸」二字，只是一種表示親愛的名詞，並不含有任何莊嚴的意味。我們很少聽見歐洲兒童喊父親做「爸」或「爸爸」如同美國兒童所喊的含義是一樣的。

「如果，美國兒童在他們父母面前稍爲約束和拘謹一點，是否好些呢？作者曾經訪問過一些家庭，在那種家庭裏而我認爲親子之間仍然保存着良好的友誼和同情，同時子女對於父母格外表示一點關切，這便是兒童和父母愛顧的一種方法。如果兒童不感覺那訓練他的人比自己聰明，如果當那人向他進忠告，尤其當那人必須命令他的時候，他不感覺應當尊敬那人，那末，也許沒有人能夠訓練兒童了。

「通常兒童不服從和他年紀相同知識相仿的同伴底命令。爲着使命令被人服從起見，發命令的人要比服從命令的人聰明些，有力量些，或勇敢些。父母不應當完全做他們兒童底游伴，如果父母完全做兒童底游伴，那兒童就會隨時隨地用對待游伴的態度對待父母了。在美國家庭裏面，有一種危險就是兒童會以對待游伴的態度對待父母」。

教兒童明白自己正當的地位

我否那底見解是對的。兒童老早應當懂得他們適當的地位。爲求兒童與父母的友誼健全起見，兒童必須常時尊敬父母。這種態度並不是我們要求兒童得來的，乃是在日常生活中，遇到許多事情，讓他們自動地養成的。我們一方面，必須對兒童講禮貌，不打斷他們底話頭，不把話說了又對他們說，不與他們衝突，一方面又須不使他們養成這些壞的特性。克斯林是個兩歲的女孩，她母親打電話時，她強迫擾亂她底注意力，喊她，拉她，打她，使她不得不對朋友說：「請少等一下」。結果她得到了她所要的東西。她母親和那打電話的朋友便受了她的侵擾。以後她也許養成一種壞習慣，在她母親打電話或對面和成年的鄰居談話時，打斷她母親底話頭。這種兒童底壞習慣，必須改正。拿一隻鐘放在她旁邊，叫她在椅子上坐十五分鐘，她每次妨礙她母親，就每次照這樣罰她，應當會得到結果的。

三歲的阿爾麗叫她母親「不要做聲」，或喊她爸爸做「骯髒的酒徒」。她這樣冒犯她母親，也許她母親不以爲忤，對她笑笑，因爲這不過是模做她同伴底行爲罷了。表同情的父母，極易忽視這類行爲。假若表情是情感的說明，那末甚至是大不敬的話，他們也可以讓她去說。所說的話，並沒有關係，最要緊的是那種態度。當阿爾麗用一種違反社交的態度，喊她父母或別的成人底名字的時候，被喊者應當感覺不快，不應當表示滿意。從另一方面講來，有時當你我底年長兒童頂有趣的時候，他們也許會正式地喊我們做「傻瓜」。

我們要兒童早早地練習尊敬我們底成年朋友，尤其是住在我們附近的朋友，又要他練習自制並尊重他們底所有權。

克勞特斯底例案

有一個母親很苦惱地走到我這兒來，她說因爲她鄰居講她十一歲的克勞特斯是鄰近最壞的兒童。我給他一次智力測驗，發現他底智力已達到一個十三歲兒童底智力程度，而且他在學校裏，成績勝過別的兒童。他與同學似乎相處很好。只有他底成人鄰居怨恨他底行爲。後來我又探問，發現他曾同別人惡作劇，毀壞別人底所有物，而當發怒的物主追趕他時，他便表現鹵莽的行爲。而且，他父母還常常庇護他。他們不教他尊重鄰居底權利，反以驕傲的態度，訓練他養成違反社交的種種特性。那位母親又自動地告訴我：「那是萬聖節的前晚，克勞特斯把一個雞蛋拋在鄰居底汽車玻璃窗上，正當那車子駛過的時候。於是車主便對他大怒，並要求他父母叫他把車上的雞蛋屑揩去。我們見他非常跼蹐不安，便答道『決不』。」那母親又說他常常告訴克勞特斯，有許多像這車主一樣的人真古怪，叫他不要在乎他們。這樣一來，她便很清楚地說明她兒子剛愎任性的原因了。那車主當然有權發怒。這冒犯他人的兒童底父母失掉了一個很好的機會給他們底孩子一點道德教訓。他們不但應當叫他把那汽車上的玻璃揩乾淨，而且要讓他知道他們立刻要賠償別人底權利損失。他們向鄰居賠償損失的這種責任，對於兒童比對於鄰居還重要些。

家庭是訓練兒童最好的地方

我們有訓練兒童尊重別人所有物的義務，而家庭是最好訓練他們的地方。

我家左鄰沒有兒童，當我底兒童在我家草地上打球時，球自然有時會跳到鄰居那邊去。不管我底兒童如何要在草地上打球，不管打球對於他們健康如何有益；假若把球打到鄰居那邊便對於他們底品格會有不良的影響。所以我有禁止他們玩球的義務——無論他們在甚麼情形之下危及鄰居底所有物，都是應該禁止的；我底責任不是對鄰居的，而是對我底兒童的。如果我想做個賢明的父親，我就必須訓練他們尊重鄰居底權利，並希望他們學習這種自制的精神，以後好尊重別人的權利。若是可能的話，我也應該為兒童準備一個安全的地方給他們遊戲；並教他們愛護公物。關於以上種種目的，我並不是說空話，而決心來實行，這件事的實行，是毫無疑義的。倘使我底兒童以後在家中妨礙別人，那我就算失敗了。總之，一個四歲的兒童攀折鄰居底花木，和一個二十歲的青年在汽車站搶占位置，兩人底行爲比較起來，只是程度的不同而已。又兒童私人對於成人的不敬，與對於那個賦有權力來維持社會秩序的成人的不敬，也沒有區別。

教兒童勇敢

當兒童初學爬走時，因跌傷而顯出痛來，如果我們不理他，他也許不會哭。但是我們遇到這種情形，往往便要過分的耽心。若是我們不小心地阻止我們底衝動，當時我們就要把兒童趕忙拉過來，表示恐懼的驚訝，而將他緊緊地摟在臂裏。因此，他很早就因這種經驗而感到恐懼，一個很輕的痛也許使他大哭大叫。他每次跌傷了，母親就撫慰他，這樣成了習慣，所以他很小的時候，身上稍微受點傷便跑到母親跟前，叫母親抱他或吻他，這擁抱或接吻便能常常給他安慰，母親對他的注意使他忘了生理上的痛楚。正因這辦法能給兒童得到暫時的安慰，能使母親感到滿意，所以這種不良的習慣便有害於兒童底人格

當我們看見年幼的兒童受了傷而傷處一時不易好的時候，我們眞不容易取一種適當的態度應付他，往往應付不是我們自己的兒童，要比較容易些。合理的成功是需要繼續的「自己訓練」的。當我們以理性控制自己時，我們底態度完全是冷靜的。兒童跌倒了，能夠自己爬起來，我

們就讓他去自己爬起來，我們底容貌舉止都不要顯示發生了異常的事情而感覺驚嚇，我們不要注意他而隨便去做甚麼別的事情，這便可以轉移他底注意力，倘使他不能爬起來，我們就助他一把，如遇必要時，可以用那種看護或外科醫生的平靜的態度來替他急救。若是需要服藥，我們就要把「服藥」完全當作一件自然的事實看待。

兒童必須吃藥的時候

兒童吃藥時，不要引起他恐懼和害怕，如果你確信他必須吃藥，就安詳地把藥送到他面前，也許他聽從你底話而願意吃，若是他不吃，暫時你就不要和他爭執。他要選擇那一種方式吃藥或換一個時間吃，你都依從他底意思。然後他不吃，再用強迫而巧妙的手段拿藥灌他，很快地繼續着灌他，直到他自己願意吃才停止，試看看一般成人和年長的兒童在他面前忍痛吃藥，而毫不現出情緒的痛苦。不要對他說：「藥不得傷害你」。要說他有勇氣不在乎。當他勇敢地吃藥時就稱讚他。如不願吃，決不要罵他或羞恥他。

受傷時易哭的兒童

當兒童受傷時哭泣，既不要罵他，又不要教訓他，絕對不要喊他做「好哭貨」，又不要說他「太大了，不應當那樣哭」。不要說任何的話。裝作聾子和瞎子一樣，假若他不怕傷痛，遇到苦難的情境，不哭泣，又不流淚，那你就應讚異他底勇敢。五六歲以上的兒童，尤其是易哭的男孩，常常被人嘲笑，他這種好哭的習慣越延長到後來便越要被人恥笑。

早早和許多別的兒童在一塊遊戲的兒童，與別人爭吵打架，能夠自己排解糾紛，他不會發生像哭泣這一類的問題。一個八歲或十歲好哭的孩子，沒有和別的兒童作過正常遊戲的訓練，我們爲着幫助他起見，不要嘲笑他，要引起他作成功的社交競爭，要恭維他的勝利。這種事做起來頗不容易，因爲他缺乏自制力，他越怕別人笑他，便越覺得害羞。雖然，良好的結果是可能的，只要有適當的忍耐、同情和技巧就行了。

幫助兒童避免恐懼

我們如能使兒童避免獲得任何恐懼，便對於培養他們底人格最有利益。但是，不論我們如何小心，兒童總會產生一些特殊的恐懼。有些恐懼是偶然產生的，而有些卻是年長的兒童和成人引起來的。一旦恐懼發生了，我們用什麼方法幫助兒童消弭它們呢？

忍耐、同情和了解，是我們幫助兒童消弭恐懼最好的方法。有了這三種東西做我們底嚮導，我們就不得拿感到特殊恐懼的兒童開玩笑。爲着幫助他感到安適，我們要耐性地慢慢引導他適應那使他發生恐懼的東西。只要幫助他研究並了解那使他發生恐懼的東西是什麼，便能消滅他底恐懼。然後漸漸地使他適應那東西。這就是我們指導他的原則。所困難者，我們希望立刻得到結果，而兒童底恐懼，卽使在最適宜糾正恐懼的情形之下，卻要延長幾個月或幾年才得消滅。所以我們必須忍耐。眞空掃除器（vacuum cleaner）底呼呼聲使一個兩歲的兒童害怕得要死，如果我們要使他聽慣了那種聲音，就必得強迫他站在眞空掃除器面前；海濤底澎湃聲使一個六歲的兒童聽了發出害怕的尖銳叫喊，如果我們要使他不怕那種澎湃聲，就得帶他到海邊去涉水；一個十歲的學生上體育課，怕做某種必修的運動，如果我們要免除他那種恐懼，就得強迫他做以上三種事情，我們強迫兒童去做，只有很少數的兒童不害怕；別的兒童會害怕得不可名言。我們那樣強迫他們，只能使他們格外產生新的恐懼，而不能培養他們勇敢自信的態度。

當眞空掃除器靜止時，聰明的母親帶嬰兒到這可怕的東西近邊遊玩，推動它，用手研究它。當它發聲時，嬰兒要安適地站得離開它遠遠地。然後經過幾天，甚至幾星期，這嬰兒便很安適地站得靠近它些，直到後來它發出呼呼之聲時，他也能感到安適了。這種經驗，無論在甚麼時候，不會增加他底恐懼的。往往他必須離得很遠，或對別的事情發生興趣，而感到合理的安適。

如果我們能充分靈巧地堅忍地，把那使兒童漸漸適應恐懼的原則應用成功，我們便能實在幫助兒童戰勝種種恐懼。自然地，在有些引起恐懼的情境之下，此種原則不易應用。舉個例子，假設兒童駭怕雷暴雨，假設他是四歲，在夜裏被雷聲驚醒，你就很安詳地走到他面前，和他作一種有趣的活動：在打第二次閃電時，勸他和你向窗外望看外面的房屋和汽車。讀或講他歡喜的故事給他聽，直到那最可怕的時候過了爲止。白天裏，你帶他看那遠處的風暴對美麗的雲彩、閃電，隆隆的雷聲表示驚奇。這，對於他頂有幫助。當成人要想幫助兒童避免恐懼的時候，無論在何種情境之下，都必須表示完全的鎮靜和自制。

舉止笨拙的青年

自十三歲到十九歲的男孩和女孩，也許會舉止很笨拙的，他們心理的發展沒有生理的發展那麼快。他們在幾個別的成人面前特別要感到嘲笑和非難。

有些青春初期的兒童，知道自己舉止笨拙；當他們遇到意外事情的時候，如為障礙物所絆倒和在餐桌上掉下食物或潑出湯水，雖然別人不說他們，便自覺難堪萬分。當時若挨了罵，或因疏忽而受嘲笑，那就使他們格外有了自我意識，所以以後更會遇到這樣意外的事情

有時一個十多歲的兒童往往在家庭裏面給別人作為笑柄。當他被人取笑時，他是何等難受！若是他底兄弟或姊妹笑他，便會引起他發怒；若是他父母彎着身地笑他，他便會因為他們缺乏同情而受傷害。

他底父母還會罵他不小心。「為甚麼你不看」？「為什麼你做事不留神」？「為什麼你不謹慎些」？這類傷人的言語是兒童常常聽得到的；有時一個青年受了那些有毒的兩面刀一樣的言語「你是世上頂笨拙的兒童」之後，幾乎氣死了。

第一，我們既是好心的父母，就要幫助兒童，不可妨害他們；要幫助他們養成良好的姿態和自

制的精神，不可使他們不易達到這種目的；要幫助他們培養自信心和可愛的人格，不可破壞他們所有的一切。

所以當青年跌倒，失手擲了東西，或落掉東西的時候，我們就要以自制的精神來幫助他，使他得益。我們不笑他，不責難他，便表示我們有運動家底精神。當他遭遇跌倒等類不幸的事件時，我們還要看看是否有別的兒童在旁邊批評他，使他格外受窘。我們要使他確信這類不幸事件，是任何人都要遇到的，縱然兒童打破了一個貴重的碟子，我們也不要責罵他。在當時我們要表示我們受了良好的教育，而有良好的品格。偶然打壞的那東西底價值，通常是不關重要的，而兒童底人格才是我們應當注意的，這我們都看得很清楚。

如果我們小心而同情地觀察兒童，便能知道某種意外的事情在甚麼時候會發生。這時我們若安詳地暗示他，便能幫助他阻止這意外事情的發生。精明的父母總知道恰在甚麼時候，給兒童必須的幫助，或造成一種情境，避免危險事情的不幸和兒童感情的災難。

「自卑情結」有什麼要緊呢

歷來許多人都假定「自卑情結」是人類進步和人格的仇敵。但是，它對人類也有它底貢獻。加特爾斯夫人（Mrs. Charters）說（註六）：

「這種對社會批評的敏感是人性的一部分。沒有它種族決不能發展成為社會羣。人類能在一塊過羣居生活，完全不得不放棄他們個人的特性——如果他們不因爲有了這些特性而感受痛苦便決不會放棄它們的。對別人底意見發生敏感離開羣衆時感覺不安，受人偵查時有所自覺，這都是人類意識正常的一部分」。

（附註）

註一：愼思考慮的大學生（The College Student Thinking It Through）八五頁；一九三〇年紐約 Abingdon Press 出版。
註二：兒童時期的恐懼（Childhood Fear）一〇五頁；一九二五年紐約麥美倫公司出版。
註三：見所引前書一八六頁
註四：青春心理（The Psychology of Adolescence）三八〇頁
註五：教養兒童的新方法（Newer ways With Children）自五一頁至五二頁；一九二九年紐約 Greenberg 出版，
註六：愼思考慮的大學生八五頁一九三〇年紐約 Abingdon Press 出版。

第十章　在家庭裏面培養和慶祝兒童底成功

一九二七年，我曾爲美國教育部寫過一本名叫「賀兒童成功的兒童教育」的小册子。它所根據的原則是：我們爲兒童設備環境，便能訓練他們合作，因此他們才會在所遇到的各種情境之中，做他們希望做的事情；又在他們成功之後，我們要賀他們底成功。

如何刺激兒童底創造力

受了良好教育的兒童，每天知道自己娛樂幾小時，他若能和別的兒童在一塊玩，便可獲得一種較好的教育。但一般兒童總有許多時候找不到同伴和他們遊戲。

關於兒童適當的教育，需要我們對於兒童的想像有所了解。兒童在想像和創造方面的成功很多；因而他們便由經驗中得到無數的方法，而利用這些方法選擇他們應做的事情。我們要常常記得，我們對兒童良好品行最大的貢獻，就是引導他們做正當的事。如果他們要做正當的事，他們便會自己去做。我們當父母的只能希望他們去做罷了。

嬰兒最初做事的經驗，僅只是手的動作。但在很早以前，我們還不知道的時候，他卻做了許多新的混合的動作。他喜歡創造，當他創造的時候，我們便有機會加強他底種種激勵。他對於創造的快樂，也許就是他最大的歡喜。他或許花幾天工夫反覆地使他底橡皮洋囡囡站起來，最後他終於使它站起來了。他歡喜得叫起來；他喊你來使你看了也歡喜。他喊你時，你就立刻去，因爲當時沒有別的事情比這更重要。你要幫助慶賀他底成功。你慶賀他成功，便給了他一種有力的鼓勵，使他繼續創造、努力和成功。

利用兒童底成功，教他學習禮貌和簡單的習俗，最能收效，因此不致於使他害羞，倘我們自己做兒童良好的榜樣，他因爲極想長大成人而被人重視，就模倣我們。當他做事做得不錯，如他說「請」，「謝謝你」，「對不起」，或向客人招呼的時候，我們要態度很滿意地嘉許他。當客人回家之後，我們要提及他在客人面前所表現的特別的良好行爲要快樂地稱許他。結果，我們便發現他以後在客人面前的舉止很好，甚至比他平常在家中的舉止還好些。在我們有客的時候，不要要求或盼望兒童底舉止比平時好些。

不要稱讚兒童一般的好行爲要稱讚他特殊的好行爲

稱讚兒童，不會使他自負和自滿嗎？不會的，如果我們稱讚他因努力所得的成功，使他漸漸趨向較高的目標——品格方面的，如：對別人要知自制，別人有了成功，要代爲歡喜。這要看我們幫助他達到那目標的能力如何及我們如何稱讚他而定。所以慶賀他成功，需要我們細心而巧妙地努力幫助他才行。

我們易於稱讚兒童，嘉許他不犯過，說他做事做得好，例如誇獎他剩馬鈴薯，我誇獎他在車上讓坐位給老年人。只有他做了這些特殊的事情或與這同樣值得嘉許的其它事情，他纔應受稱讚，往往在他受稱讚的時間，他卻又做了一些值不得稱讚的事情。

成功要依賴所定的目標

任何特殊兒童，例如八歲的貫玆，他底成功的限度，大半爲下列兩種影響所限制：1.他父母或與她相處的別的人替她所定的成功的標準；2.她因這些標準而得到的多少習慣和態度。不論貫玆怎樣令人喜愛，例如不須命令，就常常自己在吃飯以前洗手，她在星期三那天有很好的算術成績，她和特答玩得很快樂，然而她在這三件事情上面的成功是已經被他底早時的技巧和態度限定了的。

我們做貫玆父母的人，希望培養她成功的習慣。所以我們爲她並須導她自己定下種種成功的標準，然後又使她養成種種達到這些標準的必須的態度和習慣。任何時候，我們都可發現貫玆沒有獲得那種我們希望她成功所必需的訓練。

大的目標造成小的目標

我們可以替貫玆做更多的事。我們也許不爲她定下種種如上面已經說過的確定的目標，而心頭存種種很模糊的一般的目標，盼望她有清潔的習慣，算術成績很好，或學校各門分數都好，和別的兒童相處很和諧，以及諸如此類的等等事情。我們爲貫玆所定的目標愈離事實愈遙愈一般化，她與我們將遭遇的困難便愈多，而她要失敗的成分便愈大。所以我們若定下模糊的目標去幫助貫玆成一個比較負責的兒童，一個比較成功的學生，或一個較好的遊伴，這是多麽徒勞無益呀！

兒童自己所定的目標

不但我們爲貢玆定下種種目標，而且她自己也要定下種種目標。在這兩種目標之間，距離相隔太遠而不確定，況且又有許多重疊的地方。貢玆越長大，她便希望變得可愛，被朋友們敬重，和獲得許多讚美者。她雖努力想達到這些一般的目標，但也許會遇到更多令她沮喪的失敗。她若要改進她自己，就得看看她底能力和我們底能力如何，是不是她能了解她必須做的特殊的事情，是不是能培養那種達到這特殊事情所必需的技巧和知識。例如，她可以把聲調放低些，說話柔和些，尤其避免在怒時或情感激動時的高聲和尖銳的言語，特別在聚會或和馬爾達爭辯時要這樣做。

但是貢玆像她父母一樣，希望做她所不能做的事情，也是有危險的。譬如，她想做一個阿爾法俱樂部的會員，想在班上考第一，或想預備做一個律師。因爲她底社會身分和經濟能力的關係，也許不能達到做阿爾法俱樂部會員的目的；也許不能在學校裏得到較早的成功；也許爲天資所限，在班上不能勝過他人，或沒有能力進法政學校。假設這三件事情，她能做成功任何一件，那末，她所遭遇的失敗及所忍受的苦痛和所達到的目的比較起來，恐怕是得不償失。貢玆在能力範圍內，自己定下目標，自己選擇特別的和易做的事情，多半是受了她父母替她所定的目標底影響。

如果父母、教師以及別的成人，知道替她或幫助她定下正好使她難於達到的特殊的目標，又如果我們能常常幫助她努力達到那些目標，那末，她底失敗便會相對地減少。

尤其極，我們只會注意那種種目標，而不注意兒童底習慣或她爲達到這目標所作的準備。我們會想到她在任何特殊時間，凡有關行爲或者身心發展所應當做的一切事情。所以當她沒有達到希望的標準，我們便感到煩惱，並使她知道我們是因她失敗而煩惱。但她底希望如達到了目的，我們便認爲那是應當要達到目的的結果；她底失敗一定會有增無已。這些失敗使她沮喪，此外，還有我們對她的非難不斷地對她督促，並暗示她應當做好些，在她失敗後又要加以責罵——這又增加她底煩惱，愈使她生「自卑之感」。我們非但不幫助她享成功之樂，反易增加她失敗的痛苦。

我們爲什麼常時責難兒童

我們必須知道「嘉許」和「稱讚」對兒童所生的力量，我們必須多多稱許他們，而減少我們對他們的責難。因爲多稱讚他們，我們便少責罰他們。但責罵是人類難免之事，而有價値的稱讚和慶賀成功幾乎是人類稀有之事。我們不須特意觀察我們不願兒童去做的事情，因爲我們底神經自然會去觀察的，我們往往責罵兒童，便暗中得到滿足！這可使我們情緒的緊張，感覺鬆弛，使我們有一點感到「自以爲是」和「自覺得意」，又使我們覺得自己的地位比兒童底重要。

從另一方面講來，我們要努力去觀察我們要兒童所做的事情，並對他們底正當行爲表示稱許。因爲我們天性懶惰！我們做父母的必須常常努力利用「稱讚」來鼓勵兒童。讓我們檢查我們自己，我們老是在責罵他們，而很少嘉奬他們。我們只要注意他們底良好行爲，和隨意地稱許他們底良好行爲就得了。

克爾克先生，假設你底十四歲的梅利爾學會了一種機械的技巧，他能用器械把家中的用具修補得很好，但他從學校裏帶回家的成績卻很壞，或不能和他底同伴相處得很好。你應當毫不猶豫地當他底面把他底手藝告訴你底知己朋友，你要稱讚他底技巧。他也許因爲手藝精巧，能吸引別的兒童到他家裏來，或自己對於如何使用器械的書籍發生興趣，希望從這些書本中獲得關於使用器械的知識和構造各種別的東西的知識；同時他也許對於算術和拼字會發生興趣，想精確地了解它們。如果他必須寫一篇論文，你就鼓勵他描寫一些機械方面的心得。假使他底教師在學校裏知道他善於應用器械，便會因此發現他對於別的學科也有這同樣的才能。假若聰明的父母和教師，發現一個兒童在社交時不能表現一點才能用以博得別人底嘉許，那這個兒童底智力一定很低。在一個有幾個兒童的家庭裏面，那不能得成人和別的兒童底稱讚的兒童，我們也能使他不致失望，卽利用某種活動，不管這種活動是如何地小，使他能在這活動中顯露他底才能。然後他底聰明的手藝，便能獲得別人底注意。我們常常可以發現兒童具有某種可發展的或潛伏的才能，此種才能可以使他雖小而眞實的成功造成人格的基礎。自己認爲失敗的兒童，對於那希望發現他的創造天才的父母和教師，卻是很不利的。

一個失敗的兒童，或他自覺已經失敗的兒童，家庭和學校很能保證他成功。不過它們常常使他更加沮喪！梅利爾維德爾把他底不好的成績報告單拿回家，他底教師請他父母到學校去，或寫信或打電話給他們，向他們訴苦，於是他們便責駡裴爾維德爾，怪他懶惰，而請求教師嚴格地對待他。他在家中也許被父母稱做無用或愚笨的孩子，他們對他惱怒便預示他將來底黑暗。

成績報告單到家的時候

當成績報告單到家的時候，我們和兒童都在受試驗。由兒童底成績可以試驗出他們努力讀書沒有，又可以試驗出我們平日對他們底教養如何。當時我們總容易傷害他們底人格，若是不小心，我們便會立刻在兒童面前過分稱讚那成績好的，而無情地責駡那成績壞的。縱然只有一個兒童，我們還會拿他不好的成績和別的兒童較好的成績比較，而責難他。在學校常常失敗的學生，假若把分數好的算術或拼字的考卷帶回家，便一定會聽到這樣的話：「這很好，但你爲什麼不能常常有這樣好的成績呢——？」

較好的方法是：只稱讚他成績好的功課，而不說他成績壞的功課。家中若有幾個兒童，就要當別的兒童沒有關在旁邊的時候，才稱讚那成績好的兒童。任何時候都不要責駡或羞辱那成績不好的兒童。因爲已往的成績不能改變了，我們惟有希望他將來獲得很好的成績。責駡兒童，羞辱兒童，或使他和別的兒童比較相形見拙，便打擊了他的士氣。我們底希望是引導他天天讀書，這樣他便會慢慢地在學校裏得到成功。但我們要記着，如果這學校自信他能學習，那麽他底態度和學習的程序便一定有利於他底學習。

在學校失敗的兒童

有許多兒童晚間放學回家，很覺憂愁，因爲他們日間在學校裏考試失敗了。也許各門功課都考試失敗了，也許只有一兩門。大概他是昨天失敗了，上星期五上星期四或天天都失敗了。甚至在這一年當中，他沒有把背誦的功課完全背誦出來一次。也許他記不起曾經在課室裏得過勝利和成功。他看見別的兒童背誦，聽到他們背得流暢而準確。他看見他們面上露出成功的快樂，聽到他們說話，露出快樂的聲音，又見同班的學友和教師稱讚他們。他見他們背得出來，便想着他們回家必定很快樂，博得他們父母底稱讚；他又想着當自己到家時，尤其當家中正在談到他學校的功課時，無疑地，他便愁悶起來了。

一個在學校裏失敗了的兒童，也許會想像他父母在發怒了，聽到他們罵他，笑他，羞恥他。他甚至想像他們在打他。更壞的是他也許聽到他們拿他和聰明的老表克爾文或他兄弟必爾比較。他也許心中回憶，有一次晚間的一幕情景：他父親考問他晚間的功課，耐不住地磨難他，對他大聲地叫，責罵他底錯誤，時時向他狂怒，而他，這可憐受罪的兒童，心頭煩亂，不知如何是好，最後終於陷入恐慌和失望之中。

現在假設你有一個兒童，他在學校裏大半的功課，都不斷地考試失敗，你將怎樣幫助他呢？第一點，你必須確實地把他失敗的原由告訴他。不過你也和我們一樣，大家都是人，而非超人。所以你會怪兒童懶惰，或把他底失敗歸咎於教師。

可是你一定會發現你越注意他失敗的原由，他便越會失敗。很少老是考試失敗的兒童而會發憤讀書的。無論他怎樣發憤，他也不能成功。當你我老是遭遇失敗的時候，我們還能勤勉努力嗎？一個失敗的兒童很能在遊戲場上努力，或幫助別人換球胎。他做事情，越做成功，便越勤勉。你我也是這樣情形。我們大家對於繼續做了失敗的事情便懶得再做。

我們做父母的和教師，都說兒童失敗是因為他沒有興趣。這是因果倒置了。我們應當想一想說：「兒童因為失敗，所以才沒有興趣」。成功表明了興趣和努力，又能使人格外努力而格外發生興趣。

兒童能夠學習嗎

你要知道兒童是否能夠學習你所要他學習的東西。自然你是高明的，而他是你底孩子；所以他也要和你一樣高明才好。他失敗固然是他底錯處，不過也許有些潛伏的因子在影響他，而這些因子並非來自遺傳。你為什麼不能發現兒童聰明的事實呢？你能發現這些事實。如果他學校裏如有心理學者，那末，你就去請教他，他能正確地告訴你關於你底兒童底一般的智能的許多事實。

也許學校校長在她辦公室裏存有你底兒童底心理測驗的成績。至少她和教師曉得許多關於你底兒童智能的事情，足供你底參考，他們也必會常常要給你一些良好的忠告。

不見得個個學校都請了心理學者，凡是想避免冒牌的心理學者而希望免費請最適當的心理學者的人，可與紐約城大中央路（Grand Central Terminal）三九三七號心理學會（Psychological Corporation）接洽。這心理學會底會長是有名的心理學家克特爾（J. Mckeen Catell）。他是科學，科學月刊和美國科學家底主編。這會裏的會董是美國各重要大學底心理學家。

心理學者幫助你

假若心理學者發現兒童底智力不能做到你所希望他做到的田地，你就請他指教你在家中如何幫助兒童學習格外有效。

一個受過訓練的心理學者，不如一些人所設想僅是一個智力測驗者。智力測驗只是他底事務和訓練的一小部分。他把整個兒童或成人底理智和情緒的生活當作一種人格來研究。學習，主要的還是一個心理問題。

無論得到或得不到心理學者底幫助，你底常識會告訴你，你底最大的機會，就在鼓勵兒童做書本上那些他能做成的東西，無論那是怎樣的簡單和容易。

復次，你要他享受工作勝利的快樂，要他在家中拋開書本去游玩，對於他所做的特殊的事情，你不要失掉機會稱讚他，不論他所做的事情是用手做的，或是做的家中的雜務，或是參加家庭談話。你見他常常做事成功，便會廢賞他底成功。自然你以後不要責罵他失敗，不要見他錯誤而發怒，不要拿他和比他聰明的兒童比較。你要常常幫助他自己努力，因此使他繼續增進他以前的成就。

如果心理學者發現失敗的兒童底天賦才幹能夠比平常所做的做得更好，那他就應當和你定出一個積極的計畫來。你不要常常斥罵嘲笑，或責罰兒童。你底方法要如以前一樣，把他底智力看得很低——使他從事他能做成功的工作和活動，並利用他底成功鼓勵他假若他很笨拙，那你底問題便格外複雜了。你要知道他底失敗，還一定有別的原因哩。

不問他底智能如何，你當然要知道妨礙他學校功課進步的有無不可補救的生理原因在內。你還要請外科醫生檢查他底身體，他底視覺和聽覺也要檢查。

如果你有機會和兒童指導所接近，你就去請這所裏的人幫助你。因為外科醫生，精神治療者，心理學家，和精神治療的社會服務員，都有很好的訓練，他們可以研究你底兒童底各方面的關係。若是你附近沒有兒童指導所，那就去找一個適當的精神治療者或心理學家，尤其在你底兒童發生很大的行為問題的時候，你要去找他幫助你。你研究自己及全家與兒童之間的關係，自問怎樣才能替兒童在家中造成一種比較舒暢的情緒的空氣，而使他感到格外安適。你向他證明你是最和他表同情的同伴。

研究兒童，你就可以更加了解他，並發現種種培養他學習習慣並增進他對學校功課的自信心的方法——亦即提高他士氣的方法。你不要希望他長進很快；他稍有所得，你就要非常快樂。

無論遇到甚麼事情，你都要去和教師商量。你切莫拿與學校平常學習方法不相同的方法教他學習。假使他在學校裏學一種減法，而你在家中又另外教他一種減法，那你不是使他腦中混亂得一團糟嗎？

記着，他一定會學習成功。你要教他如何學習。你引導他做他能夠做得好的事情，而慶賀他底成功。千萬不要罵他；千萬不要見他錯了就發怒因爲他不是故意要弄錯的。他弄錯了，等不到你煩惱他，他自己就十分地煩惱。爲什麼你在要幫助他的時候，反倒妨礙他呢？當你呼吸失常，說話聲音有一點高了的時候，你就趕快離開他，因爲當時你站在兒童跟前是不相宜的。

雖然你聰明，也許你底兒童頭腦很笨。他做學校功課做得很慢；在這種情形之下，你不要希望他算術做得很好。但如果他有充分智力學習學校任何功課，那你就會發現以上所述各種原則對他很有效用；但你對他必須極端忍耐和極端自制。

兒童早晨快樂地去上學

看兒童早晨離家去上學時的感情，便可決定他這一天在學校裏過得舒服不舒服。你我都知道我們早晨的感情對於一天的成功有很大的影響。我們每天起來，總有某種情緒的傾向。此種情緒的傾向，對於有些人還會產生一種習慣的趨勢——非常有希望或非常沮喪。每天早晨我們各人所有的經驗都不相同。當我們早晨梳洗，準備一切並吃早飯的時候，往往有些瑣碎的事情發生，它們與我們底感情很有關係，足以影響我們幾小時的工作，有時幾天的工作。譬如龍頭漏水，修面時把臉刮破，衣衫弄破，紐扣失掉，鞋帶斷了，食物焙焦，兒童吵鬧，夫婦說不機警的話——這都可以毀壞我們一天的工作。甚至早晨在報紙上看見一點消息，也可以使我們高興或使我們怏怏不樂。如果那受影響的人只是他自己一個人，那末這種傷害還不至於如以上所說的嚴重。不過往往會影響到別人，多半是那還要到學校去念一天書的兒童哩。

我們做父母的都是些自尊自大的人；我們往往不重視兒童底感情和他底學校功課。他們不過是兒童，只能進學校。但是看看我們，我們是大人，地位很重要。我們要做事，要辦公，要到街市上或工廠中去，要主持家務，要購買東西，要到俱樂部去，要打撲克牌，要打高爾夫球（大高爾夫球或小高爾夫球）要工作，要娛樂，到了晚上，因為興奮了一天，我們便疲倦了。但是我們底兒童卻不應當疲倦，因為他們只在學校裏念書，不像我們做了這許多的事情，我們底言語舉止，總容易表示只有我們自己和我們所做的事情才是重要的，而兒童的學校卻無關重要。事實上，他們所做的事情，對於他們是重要的，猶如我們所做的事情，對於我們是重要的一樣。我們若是很聰明，就會以透徹的眼光，為兒童設身處地着想，而完全改變我們從前對他們的態度。我們在社會上一生的地位是已經造成了，而他們底還是在進行中哩。他們底生命比我們底長些；不管我們知道不知道，他們底命運在聰明地轉動着，而我們是轉動他們命運的主要人物。我們很少知道我們對兒童在學校裏的成功以及對他們一生的成就有多少意外的幫助。無疑地，我們所做最能影響他們禍福的事情總在早晨。

第十一章　兒童逃避現實及逃避對於人格之影響

當六歲的西西施亞被一匹兇惡的狗底吠聲驚嚇了的時候，她說：「那隻狗怕我來」。五歲的小阿爾契伯德被他母親喚去從黑暗的門廳頂頭拿一條蘋菓，便訴苦地說他疲倦了。這兩個兒童都是不一定知道避免顯露自己畏怯的態度的。父母知道兒童做錯了事，便老是問道：「你爲什麼要做那件事」？通常連兒童自己也不知道爲什麼；如果他自己知道，他便會極力地隱瞞。但因爲他被逼着要回答，於是便不得不假造出某種解釋希圖避免追問。倘若我們聰明，我們就不必問兒童什麼原因，除非要責罵他的時候。

兒童底合理化

一般成人因爲在兒童時期便學會了解釋道理，所以他們對人對己，總以「很好的理由」解釋他們爲什麼不常到教會裏去，爲什麼不到教會裏去，爲什麼不去拜訪那些被大家尊崇而對他們討厭的鄰居，和爲什麼對於慈善事業不肯解囊相助或不慷慨樂捐。

自從亞當（Adam）怪夏娃（Eve）叫他偷蘋菓的那一天起，始人類無論老幼，都說自己的過失是受了別人底不好的影響，最好的例子，是夫婦之間的衝突和爭吵，父親（或母親）很容易怪兒童不好的態度和習慣是受了母親（或父親）底影響；丈夫（或妻子）很容易責難妻子（或丈夫）不忠，藉以掩飾自己不忠又夫妻一方會找對方底過失，證明對方戀愛他人。如果每人承認自己的過失，而不托辭巧辯，那無疑地，世間離婚的條件，便會相對地減少。演成此種離婚悲劇的習慣及逃避現實的各種方法，都是在嬰兒時期就萌芽了，後來又經過兒童時期和青年時期的背誦的演習。

藉說謊逃避責罰

當我們被人問窘了，沒有別的路可以逃避時，我們就不顧事實而說謊了。撒謊似乎是一種直截了當的逃避方法。我們撒謊，便能「從我們底不幸逃到我們所不知道的事情上面」。我們利用機會，希望得勝。兒童老早就模倣別人，學會撒謊，獲得褒獎。大半心好的父母，也訓練兒童在很小的時候就撒謊。父母發覺兒童犯過，兒童若說真話，就要受責罰；如果他撒謊，便大有逃避責罰的機會。倘使一次撒謊失敗，再來第二次便可操勝。從此以後，他就實行扯謊了。

逃學

逃學，本來是兒童避免困難的一種帶有戲劇趣味的方法。聰明而同情的父母，對於逃學的兒童，常常努力設法幫助兒童，對學校功課得到滿足，使他願意上學，而覺到天天到學校去不但不討厭，反而很有趣。

兒童早期逃避困難的種種型式

兒童老早就獲得種種逃避困難的型式。在嬰兒時期，當他的各種目的沒有達到，他便藉啼哭，哀叫，或發怒，而學習逃避父母所給他的妨礙和限制。凡他不喜歡的事情阻礙他時，他便用狡黠，爭辯，或發怒作爲避免此種阻礙的方法。父母爲避免他啼哭，哀叫和發怒起見，就幫助他逃避。不知不覺地，在他們還沒有知道什麽事情會發生以前，他們就讓他爲所欲爲了。一旦他逃避困難的習慣養成了，而父母仍然放縱他，於是他就更加堅決地要求放任，而父母也便更無勇氣和他爭辯了。他越和父母作有目的的爭鬬，父母便不知不覺地越現膽怯。他幼年學會取其所好，棄其所惡，也許終身就照這樣做下去。如果新的衝突產生時，他早年的成功的經驗就可以幫助他發現新的逃避的方法。他年紀愈大，便愈不加思索，而用逃避困難的方法去獲得種種結果。這正如我們大部分的人，在不知不覺中，利用逃避困難的方法一樣。

嬰兒非故意的逃避困難

自然幾個月的嬰兒，不會故意地玩這些情緒的詭計，他啼哭，是因爲身體感到不舒適，或沒有繼續得到某種滿足。很奇怪地，因爲他腦子裏漸漸地生了一種模糊複雜而介乎我們不能了解的記憶，他便對我們作有目的的啼哭了。他小哭時，我們不理會他，他就用力地哭起來時間哭得長久了，他就發怒，不斷地顫動，一切使我們知道他是非常惱怒的情形都表示出來了。

他年齡稍大一點，生理上暫時的煩惱，如脫齒，消化不良，耳痛，都可以引起他父母改變他日常的工作，而使他感覺更加安適。他因一時作惡心，把食物嘔出，便想避免吃他不喜歡吃的某種食物。趕快不要讓他這樣！這是他底一種詭計，他以後也許利用這種詭計，避免要他吃而他不願吃的一切食物。他因這種逃避的方法，獲得了很大的滿足，以後也許只是爲「開玩笑」，而不吃某些食物。

兒童怎樣學裝病

兒童四歲的時候，假若我們把他底玩具拿去了，他會期出「太疲倦」或「胃痛」。八歲的時候，爲了同樣的理由，他會逃避洗碗碟，或逃學。如果他覺得父母不注意他，或愛他不及愛他底兄弟姊妹，他爲了逃避痛苦，就裝着病，因而立刻獲得父母的注意。他這種手段，在八歲時候很容易看出來，是淺薄的和有目的的；然而他如能用它，常常得到滿足，那以後他長大起來便不加思索地繼續運用它。

兒童初期逃避現實的種種原因

一般兒童在兩歲以前，想像力便開始活動了。他們由想像而學得發明和創造，他們不斷地作精神活動和自我表現。他們底想像力，如果培養得好，便能給他們以及他們底同伴很多的快樂想像很能使他們造成些有用和可愛的人。不過想像之中，也潛伏着一些對他們精神健康和人格的危險，因爲它供給他們種種逃避現實的機會。例如兒童在三四歲或四五歲時，覺得他底同伴太粗暴，見他們遊玩或競爭時，總比他優勝，發現他們恨他和他們爭勝，他便避免他們，而心中創造出一些同伴來和他遊玩，這些怪誕的事蹟，任性地由他想像出來。既然他們是他創造出來的，故他必須比他們能力大些，而他們要時常聽他指揮。他們必須適應他；而不是他適應他們。凡是他想做而不能做或不願努力去做的事情，他都要這些英雄替他去做。他自己沒有特權，而把特權賦予他們。他們所有的美德是他所沒有的。他做錯了事，或犯了過失受譴責，便歸罪於他們。

他可以造出各種幻想的故事；這種故事，在一般成人看來，似乎是愚笨而離奇的。他們覺得他一定是撒謊，而他則以爲這是從來未有的真實。他們這樣不了解他，也許使他很難向他們分辨真實和虛幻的區別，他藉幻想，甚至常常依賴幻想只爲的逃避羞恥和免除別人責難他虛假。

避免社交的困難

兒童愈感覺和假想的遊伴遊玩的快樂，便愈不願和別的兒童爭鬭或吵嘴了。通常他底努力越強，想像力便越豐富；因此，利用幻想逃避現實，對於比較聰明的兒童是一件很普通的事。自然創造力也許是因爲想逃避現實而引起來的，如果創造力不是爲了逃避現實和免除衝突而產生的，那末世界上有些創造的天才也許永遠不會發展。因爲喜歡想像的緣故，有很少是討喜的，較多的兒童後來在科學界，文學界，美術界，成了名人。不過這，我們不能完全認爲是靠得住的；因爲兒童藉幻想來避免自然的友誼，使無「卑遜情感」同一理由，他也許常常逃避不快樂的事情和需要努力的非社交的情境。

我們要阻止兒童幻想嗎

我們要阻止年幼的兒童幻想嗎？我們要使他們成爲現實的嗎？自然不是。否則，我們便剝奪了他們許多快樂，創造力和自我表現，又毀壞了他們一些培養人格的最好的基本材料。我們不但不應這樣做而且還要熱心地聽他們幻想的故事，與他們同走同談，同遊於神仙縹緲之鄉。我們要和兒童一同扮演神仙，他們要我們做什麼神仙，我們就盡力去做。我們還要把神仙故事（可怕神仙故事除外）灌輸到他們腦中，繼續扮演聖誕老人給他們看，直到他們問我們這老人是真的存在時，我們就回答：「不存在」，而告訴他們，我們不過扮演聖誕老人而已。以後兒童要想扮演聖誕老人，我們就扮演給他們看。

幻想加上堅忍的習慣

上節所述供給兒童許多逃避現實的方法的那種訓練是不聰明的嗎？不是。爲什麼我們樂相墻來，把兒童關在豁裏呢？我們恐怕他走開，爲什麼要阻止他在好的牧場上吃草呢？甚至狗與牛，不用籬圍，也能在家中受訓練。我們做父母和當教師的所應當做的事，是培養兒童應付現實的種種習慣，使他應付現實而得到滿足，而不是使他逃避現實而得不到滿足。

他甚至下了小小的決心，也應當本着這小小的決心做去，不可任意放棄這種決心。四歲的布羅斯要一塊有牛油和菓醬的麵包，當他得到這樣一塊麵包時，他又只要有牛油的麵包了。你要讓他拿他所已經選擇的東西，或者什麼東西也不給他。拿比巴底母親問比巴願意不願意跟她上街去買東西，比巴回答：「不去」。等她母親臨走的時候，她趕快跑出來說：「我要去」！這時那位母親如果隨卽說：「現在太遲了；你已經決定不去的」，這便是一種很好的回答。常常拿不定主張的兒童，不能有堅定的品性，又不討人喜歡。

規定工作和游戲的計畫

我們要兒童在游戲開始，就依照計畫游戲，按計畫一步一步地做到底，又要他在開始做一件事情之先，知道這件事要費多少精力，才能做成；他一旦開始去做，如果可能的話，就要做完畢。兒童愈常常依照游戲計畫去游戲，便愈能從這種計畫獲得益處。所困難的，就是我們當父母的會不斷地和他打岔，甚至當他願意完成一種游戲計畫時，我們便喊他停止。我們不要失掉機會，鼓勵他克服種種困難，重視他小小的勝利，因此他才有勇氣應付困難的事情，直到把它完成。例如他拿器械和材料做玩具時，我們首先要幫助他看看這件工作底性質，假若他確信他能夠做，我們就要勸他把它做成功，而享受這成功的產品。

若是他有一點功課要在家中做，我們就在他所計畫的那一小時之內，引導他盡力研究這點功課，使他按照計畫做完，不要和他打岔，或不要引起困難，以免分散他底注意力。凡我們指定給他做的事情，都是要這樣的。這些事情要固定做時的標準，不可曖昧不明。事情不必多，而一定要做完；又不可太難，而使他做不好能夠這樣做去，以後快樂便會由成功的勝利而產生，他便不會養成逃避現實的習慣，而會以堅忍的態度，應付種種事實。

我們希望他父母是他底良好模範。我們要實行我們已經宣布過的計畫，我們應付小小的困難，不可猶豫因循。我們自己不可託辭逃避現實。但我們想堅持自己不託辭逃避，要比我們注意兒童底習慣還要困難些。因爲我們逃避現實的種種方法，比兒童底還要狡滑些。此外，我們觀察自己，好像「看一面鏡一樣，不過看不清楚」，而觀察兒童底壞的特性，卻不須用推斷的工夫，一見便知。

天才的人有堅忍心

考格斯(Catharine M. Cox)在她三百個天才底早期心理特徵的研究中，下結論說「凡是有顯著成就的青年，他底特性，不但是智力很高，而且作事有堅忍心，相信自己的才能，又有極強的品格」。

但，我們以前已經說過有顯著成就的人，不一定就能對社會應付裕如。許多世界有名的人物，當兒童時期和青年時期在別人跟前，往往發生「卑遜情感」的痛苦；有些感到這樣痛苦的人物，在成年以後，認爲自己的成就滿意而想逃避現實的時候，他們才局部或完全克服了「卑遜情感」。

社交幫助兒童應付現實

有一種有力的藥品，可以醫治兒童逃避現實的習慣，那就是叫兒童和他年齡相同的別的兒童常常接觸。在另外一章裏面我們曾說到兒童因生理上和人格上的缺憾，如何避免與他底同伴在游戲場上競爭和衝突，如何自己以讀書爲娛樂，作簡單的游戲，浸沉於創造和發明，及作夢；他也許浸想像他對從前所畏避的兒童擅威作福，用機敏的手段勝過每個游伴，而每次爭辯都能壓倒一切人。他也許因誇耀自己的勇敢和技巧，而嘲笑別的兒童膽怯和缺乏技巧，使自欺欺人地相信他是一個暴徒，而很勇敢。他甚至做出各種不好的行爲，結果被人認爲犯過。我們或者責罵他，羞恥他，說他不應逃避現實而做出這種違反社交的行爲，不過這樣責罵他我們祇能使他格外感覺自己能力不如別人，格外性質暴烈情緒錯亂，而逃避現實。縱然我們減少他違反社交的行爲，但他也許立刻逃避現實，而去做無益的夢想或作別種有害的心理逃避。從另一方面看來，他也許會去做格外有用的創造和發明。

假設他曾錯誤方面逃避的危險，比逃避現實人生的希望還多些，我們就要改造他，阻止他逃避，在他剛學走路的時候，就教他學習社交，使其待人接物，達到應付裕如的地步。

我們要指示他如何和別的兒童相處很好，漸漸地用各種方法，幫助他獲得生理上的勇氣和基本的技巧，使他利用這種技巧和別人競爭，不致常時失敗，又按步就班地教他學習盡其本分，使他和別人游戲競爭，常常得到勝利，能夠這樣，他底同伴就會常常誠懇地稱讚他了。

年幼兒童底創造興趣

鼓勵兒童發生社交興趣最好的機會，是在家中，當兒童尚未達到學齡時期以前。有些兒童是幸福的，因為他們一進學校，就受了創造藝術的刺激，又把在學校開始的計畫，帶回家來實行，因為家中有許多鄰居的兒童聚在一塊，可以大家參與合作進行這計畫。在這種情形之下，他們可以建立很好的人格。他們平常游戲能力不如別人，在游戲場上亂喫亂喊，現在卻能勝過別人，得到大家底稱讚，感到社交的適應，練習談話，覺得以後在別處應付別人格外容易，而不會生「卑遜情感」。如果他們不把這種社會興趣應用到游戲場上去，那末，甚至像他們這種富於創造力的兒童，人格上也受要很大的損失。

我們已經提到夢想，好像它是無益的。但也不盡然，即使我們把它當作一種逃避的方法，它也許可以引導我們走入一種有價值的活動。只有那遠離現實的虛無標緲的夢想才是有害的。或許訓練兒童以堅忍的態度應付現實的有效方法，就是幫助他享受種種有價值的成功。

第十二章　情感的平衡與人格

在現今這種時代，社會，經濟和工業都變動得很快，新的機器，每天能做一二十人的工作，失業人數日見增加，閒暇時間很多，生活程度很高，人人都抱着奢侈的欲望，一切社會變遷都容易產生家庭和個人都極力掙扎，想關難步調，適應生存，所以培養父母或兒童底平衡的人格，自非易事

心理健康和迅速的進步

人類一般的生活，現在已有驚人的進步；貧困問題減少了，身體健康已有很大的改進，人生的壽命也充分的延長。一般在一九三〇年生的兒童，平均能活到六十一歲，而在一五五〇年出世的兒童，則只能活二十歲。一個一九三〇年的嬰兒底父親或祖父，在思想方面，科學發明方面，新機器方面和生活方法方面所看見的進步，比兩千年前的人們所看見的要多些。整個地看起來，似乎人類底力量一天天地愈見解放了。可是雖然有這種種進步，但人類底幸福，卻沒有增加，心理健康亦然。的確，社會的進步，預示着人類底不滿足。

精神病的範圍

美國神經病患者和瘋狂底百分率，年年增高，直到現在，已知患着精神病及神經病的人數，和美國北科學校及大學裏的男女學生人數相等。美國各醫院裏的病人，有一半是害精神病的，其餘許多人都在等待候補。而我們有時也有點變成神經病患者的危險。

我們底希望

雖則我們老是說要過安靜簡單的生活，然而我們天生就不是停立在進步的途程中的。我們底問題，是要儘量地利用社會進步，以促進人類底幸福，我們時時希望培養我們自己的及兒童底心理健康。我們若能控制機器，而不讓機器控制我們，那我們就成功了。有些人實在能做到這步田地，而且成績很可觀。

姑認我們和我們底兒童年年屈服於不斷的情緒的和精神的痛苦之下，我們須想到，只要我們智慧增加，便能很聰明地適應這突飛猛進的時代。

情感底平衡能使人可愛

惟欲達此目的，我們必須有冷靜的頭腦，求情感的平衡。平衡是表示一個人雖然受環境底壓迫，卻仍能保守鎮靜和自制的精神。假若一切別的條件都相等了，那末，我們最喜歡那能控制環境的人，因爲他最不爲環境所困惱，雖然別人以爲他在那種情境中會困惱萬分。

我們愈能得到平衡，便愈被別人喜歡。平衡對於我們個人的心理健康和幸福，以及別人底心理健康和幸福都是極有益的。我們第一個目的就是自身要有這種特性，然後要培養我們兒童底這種特性。他們有了很好訓練的和鎮靜的情緒生活，是因爲我們已經先有了的，雖然我們有了，卻不能擔保他們就有。

凡缺乏平衡的人，常常被人認爲神經過敏。這些名詞太重疊了。神經過敏的兒童對於飲食、睡眠、大小便、及日常生活規則都有不好的習慣，又對於父母底管束權和別的兒童或成人，也有不好的習慣。此種不好的習慣使他發生了神經過敏。神經過敏的兒童，大概是受父母姑息的兒童，而受父母姑息的兒童，大概是神經過敏的兒童。

甚麼兒童是神經過敏的

甚麼兒童是神經過敏的？這問題，沒有人能作準確的回答。不過我們通常認爲一個神經過敏的兒童是這樣的一個兒童：他花過多的精力做他所要做的事情，而容易發生情緒的煩惱。他好哭，容易和人糾纏，每因細故而發怒；他喜歡爭吵，不與別人合作，日常的習慣很壞不能有好的睡眠，活動過度，醒時不知休息，很易激動，說話聲調很高，常時不快樂。

有些神經過敏的兒童，口吃，咬指甲，夜裏驚恐，有抽筋的習慣，不能忍耐小便，這類兒童，臉上的筋肉，常露出緊張的樣子而容顯愁而疲倦不歡笑現出許多疲勞的證明。

有些兒童生來就有靈敏的神經系統，容易感動，又容易興奮。一切嬰兒底神經，比我們所知道的還柔弱；否則我們也不至於使他們受不必需的震動，激怒他們使他們興奮。

爲着實際的目的起見，我們應當把兒童生理方面任何失常的地方，尤其關於他底營養，當作一種神經過敏的來源看待。疲勞自然是一個普通的原因。我們忘記了小的嬰兒和年長的兒童，都會感覺疲勞的，又他們不知道在應當休息時候去休息。愈疲倦的兒童，也許愈要活動，這，從他底不斷的活動和以及晚間之易於啼哭便可看得出來。

若是一個五個月的嬰兒時間坐得長久了，或這個把他抱一下，那個把他抱一下，或幾個人對他說話，使他笑，使他興奮，使他快樂或不快樂，那末他就會變成神經過敏；又，若是兒童繼續地遊玩幾小時，無論他是如何地快樂，他跑跳得很疲倦，或被父母用「不」，「不」，「不要」一類的話阻止他，使他沒有自由說話的機會，那末他也會變成神經過敏。像這樣的兒童，你給他食物，他也許不立刻就吃；你放他睡覺，他也許不能很快地入睡。

營養不良的兒童容易疲勞，又會減少營養的效力，他胃口不好，所吃的食物不易消化，兒童精神健康最好的基礎，要建築在他初生之日的有規則的日常習慣上。他出世頭幾個月所過的生活應當是一種僅只生存、飲食、睡眠和讓他獨自玩耍的生活。他父母以及別人要趁早剌激他，使他起反應，如微笑、大笑和跳動。一般的父親，尤其是對一個嬰兒底父親總會把嬰兒當作新的玩具看待。當他把嬰兒抱起，使他跳躍的時候，他也許想，甚至說：「這是我最喜歡我底嬰兒的時候」。如果他聰明，他喜歡嬰兒應當不是這樣的喜歡法，他應當站在遠遠地觀察嬰兒，而知道讓嬰兒獨自玩耍。當嬰兒吃東西時，他不要拿嬰兒開玩笑，並且不要引起嬰兒底注意。因爲分散嬰兒底注意力，便可使他在吃東西時養成浪費時光的習慣，又可引起他過分的睡覺。有些父母，喜歡把微弱的嬰兒抱給他們底朋友看，把他當做糖菓一樣，叫大家輪流地當當，或把他當做一朵玫瑰一樣，叫大家嗅一嗅；又當他能行走時，他們便引起他自誇。

如何防止喂食問題

如果我們讓兒童老早就自己喂飲食，給他所需要的各種食物，每次給他食物時，只稍爲幫助他一下，又如果一次給他食物，他不要，就不再給他，等到下次吃飯時再給他，任何人都不要對他提及食物，又不要表示關心他吃東西，那末他一定可以養成一種吃東西的好習慣，而沒有許多兒童早年吃東西的那種壞習慣。吃東西的壞習慣，一定會惹起情緒的煩惱，使兒童營養不良，而營養不良便發生神經過敏，使兒童和大人衝突，更加不與大人合作。

如何培養兒童底合作精神

賢慧的母親，會培養年幼兒童底合作精神。兒童長到四五歲，通常母親就不命令他做任何的事情；以後她也很少命令他做任何的事情。她誘他或引誘他做她要他做的事情，他如允許替她做，她就容許他。他在一兩歲時養成了規律生活的習慣，以後只須稍爲誘導他，他就會自動地遵守日常的生活規則，如睡覺和上廁所。從另一方面看來，如果你命令他，——假設他是兩三歲——叫他到這裏來，叫他關門，或叫他說「謝謝你」，他也許會反對你，不聽你底話，和你衝突。不論是他得了勝利，或是你用武力把他壓倒了，他只暫時屈服，下次格外和你吵得兇，不論他得勝或屈服，他總會越變越倔強，越不與你合作，他老作憤怒的表示，他越憤怒，便越興奮而越變成神經過敏。

所以父母底目的是要指導他到了鐘點，就快樂地從外面游戲回來，或快樂地去上學，又在他六七歲時，告訴他鐘點到了，叫他自己去睡覺。這種事情，父母須有十足的忍耐、聰明和經驗，才能做成功。母親有時不能把這種事做成功，她也許覺得必須把兒童抱起，把他帶回家來或送他上床睡覺。常在那種情形之下，她把他帶回家之後，她要讀或講故事給他聽，或和他作安靜的游戲，這樣使他下次更能與她合作。他不願他催他去睡覺，她催他，他就哭，發脾氣，反抗她；這樣一來，使他睡覺，比原來規定的時間遲延一兩個鐘點，弄得他情緒煩亂萬分，也許立刻就睡了。

午睡

到後來午睡是需要的；但白天睡覺很快地會引起兒童反對。那你就要讓兒童知道午睡完全是一件例行公事。直到他進學校爲止，這種午睡是不可間斷的。你不要教他必定要入睡——只要他等你喊他或他聽到鐘聲時才准他起來。當兒童行走，站立和遊戲時，是不願去睡覺的。你叫他午睡，不要使他疑遲，不要和他爭論，不要讓他破壞生活的規則；假若能做到這步田地，那末以後他午睡就不致發生麻煩了。利用「準確」和「規則」，最能培養兒童良好的習慣，「不準確」和「不規則」最能毀壞兒童或防害他們底健康。

如何阻止兒童倔強的態度

一般兒童，尤其是兩歲至五歲的兒童，頂會不服從命令，他這種倔強的習慣，我們可以用一種積極的計畫來阻止它。許多兒童底倔強態度，是他們底母親使他們養成的，這般母親自己以爲正在極力地阻止他們此種態度。當一個三歲的兒童說：「我不做」的時候，母親自然要回答說：「是，你要做」，隨後便強迫他去做。不過這並不是最好的辦法。

但如果他說：「我一定做」，那當時的情境，便大大不同了。若是你對他稍施一點強迫手段，那就會阻止他不去做，強迫手段只能阻止他不去做，而不能培養他合作的精神。我們對付態度倔強的任何兒童，最好以忍耐的方法，培養他合作的精神。假設你要四歲的柏爾西維爾去關門，歇了許久，他還沒有去關；你就應當對他說「你去關門，你不去關，就要受責罰」。若是他願受責罰，那你就責罰他，然後你便自己去關門，而把這件事想一想，希望他得到這次經驗，下回格外能聽從你底話。在你第二次尚未命令他以前，你一定可以知道他會服從你底命令，總之柏爾西維爾態度愈倔強，便愈不服從命令。你要以請求的方法使慢和他周旋，才有希望使他服從你。

當柏爾西維爾鬱悶的時候

柏爾西維爾用一種格外有益於他的方法，表現倔強的態度，——那就是鬱悶。假設全家的人正圍繞餐桌坐着，而他從學校回來很不高興。這時，你若問他學校裏的功課，他只嘰嘰咕咕地說一兩句，或一句話也不回答你，他也許不再和家中別的人談話。倘使你強迫他說話，那就更壞，他把你弄得處於困難的境地而感覺快樂，又隨即把目光注意到他自己身上。他第一次鬱悶獲得了成功，以後便要繼續地鬱悶他也許在家中，遊戲場上和學校裏發生鬱悶。當他青春時期在團體裏面不能從心所欲的時候，他就會鬱悶，他也許對他愛人，終於對他妻子，發生鬱悶。在家中對付鬱悶的兒童的最好方法，就是不理會他，不注意他鬱悶的情緒，而談論別的不相干的事情，這便能引起他底興趣，而激動他回答我們底話，

兒童底情緒適應

培養兒童合作的精神，必須要有充分的時間，給他作情緒的適應。當一個三歲的兒童，正在用木塊做造房屋的游戲時，你如忽然喊他去睡覺，他也許會反抗你。一個較好的辦法，就是你要對他說：「等你把屋頂造好了，我們就去睡」。然後你看他去睡；儘可能地不要讓他反抗你。一個三四歲的兒童在門外專心游戲的時候，我們喊他，要他立刻進來，這對他是太苛刻了。你在未喊他進來以前，要先給他一個警告的信號，假設在五分鐘之內，再給他最後一個警告的信號。你要說話守信，叫他在五分鐘之後，就進來。若是一個爸爸和他五歲的兒童游戲，忽然說：「不再來了」，那這兒童便會驚異，也許要發怒。你事先不警告他，叫他如何能適應他自己？「多兩次」便可使兒童培養合作的精神。

你不能催促年幼的兒童

通常兒童煩惱的原因，是受了母親催促他的影響。而母親催促兒童，是因為她要等着料理家事，或在她出外看戲以前，她要替嬰兒洗澡，喂嬰兒飲食，放嬰兒上床睡覺。她為時間所限制，故不得不緊張，她做事動作很快，對兒童不溫和，妨害他，催他動作比平常加快。這樣緊張的情形，使他煩惱，使他動作格外的遲緩。他也許態度變成倔強，而哭起來，甚至大發脾氣。她見他缺乏與她合作的精神也發生煩惱；她又見時間過得這樣快，於是她底說話聲調，就越發越高了。他們兩方都使彼此底神經緊張——這完全是由於她催促他的緣故。雖然她底時間有限，她應當以緩圖急。要兒童節省時間，似乎反易損失時間；而讓兒童損失時間，似乎反易節省時間。你不能強迫地催促兒童，你愈催他，他做事愈慢。雖說一切意外的事情，不見得件件都可預料，不過大部分的意外事情，卻可被父母預料到，只要他們有一種預算時間的習慣。一個年幼兒童底聰明的母親，如果常常在她預算的時間之內，留幾分鐘的時間，準備應付可能的偶發事件，那便可使她自己和嬰兒不致受很大的神經刺激。

缺乏持重的態度是因爲缺乏自制力

人格的缺點，缺乏平衡和令人可愛的態度（通常認爲這是受壓制而發生的），都不是由於具有自制力而引起的，而是由於缺乏自制力而引起的。常常和父母在一塊能夠爲所欲爲的兒童，便希望別的成人和別的兒童也允許他爲所欲爲。他常常遇着衝突，經驗到各種妨礙他幸福，精神和情緒均衡的事情。他這樣養成了「自我第一」的態度，如何纔能學習「他人第一」的態度呢？他怎麼纔能培養運動家底精神和大公無私的態度呢？他能顧及到他同伴底權利和感情嗎？

修築同情之路

兒童一旦知道適當地尊重父母底管束權，便不致因不明父母底意思而發生許多煩惱了。他曉得避免各種衝突，如不避免，就會遇到。他曉得避免父母對他嘮叨不休，和長輩教訓他，令他聽了痛苦的話。他父母也同情他，和他自由談笑，表示親愛，如果沒有這種親愛，那末他們任何一方面要具有平衡的態度，都是不可能的。倘若兒童不講禮貌，我們怎能對他有禮貌呢？父母常常想管理兒童，而未能如願，這便是引起兒童神經過敏的唯一原因。他們底口號應當是「忍耐或閉口無言」。在另一方面，兒童尊重父母底管束權，而父母卻不利用他們底管束權，而能了解兒童，有正在堅定的態度，待兒童如待成人一樣，作兒童的伴侶，如此則父母子女均可怡然自得，而互相培養彼此底人格。但偶然父母會發覺對一個九歲左右的兒童，需要說「不」。母親覺得在一定要對兒童說「不」的時候，對他說了「不」，那是很快樂的事，而對於那向來溫和地接受慣了母親底命令的兒童，那也是很快樂的事。但是假設兒童並沒有這種準備，那末，父母的禁止，便會無效，而因拒絕所引起的親子之間的衝突，就會變成悲劇，破壞兒童底人格和他平衡的情感。

僅說「不」或「不可」是無用的

羅察爾福特是個四歲的獨生子，他煩擾他父母很厲害，以致使他父母請了一位心理學者到家中來幫助他們對付他。他們說這兒童不服管束，又說：「他常常喜歡多事。我們「禁止」他，他反大發脾氣」。那位心理學者發現他母親和兩個婢女常常禁止他靠近廚房裏的煤氣管和不准他弄壞房裏的許多瑣碎的東西。他常時聽到「走開」，「不要」，「不，不」一類的聲音。這兒童非常活潑。他們禁止他做這件事，他就跑去做那件事。當他怒不可遏的時候怒氣就「爆發」了。當時那心理學者把羅密爾福特加以研究，便發現他父母從來沒有引導他去作能得他們稱許的活動。家中既看不見玩具，又沒有遊戲的設備。他沒有插畫的故事書，他聽不到故事，又讀不到故事。但是，他家庭卻是個很奢侈的家庭。這位心理學者所給的忠告，是容易推想得到的。幾天以後，他們報告，說這兒童有了「很大的改進」。但我們不要以為這樣一個問題能夠在一個很短的時間之內可以解決掉，因為父母婢女和兒童底習慣，由來已久，一時不易改變，尤其是父母和婢女底習慣不易改變大概這樣的問題是永遠不能完全解決的。

「靜靜坐着」

「靜靜坐着」，一個一歲的兒童底父親很嚴厲地說。這兒童聽了父親底話，便退縮地在他底小椅子上坐着不動有十秒鐘之久。然後他杌隉不安，站起來，又坐下。但忽然在地板上拾起一支鉛筆。他父親轉眼向他，緊緊沒有做聲。幾分鐘過去了。他從廢紙簍裏找到一張舊紙，便用鉛筆在上面亂畫起來，又把紙搗些洞，從洞中窺看。他把紙放在椅子上，把鉛筆拋了，坐着搖擺了一會，便搬起椅子，放到桌子旁邊，爬上椅子去拿桌上的小紙盒子。他父親對他大聲叫道：「我不是叫你靜靜坐着嗎？」又歇了一會，這兒童又動作起來了。當他不斷地動作的時候，那和他父親說話的客人便能使他父親又歇一刻鐘不注意他。不過，最後他父親把他這小東西放到椅子上面用力打了他一下。他隨卽哭起來，把頭低垂，用牙齒咬拳頭。他父親見他這樣，感覺不安，客人也感覺不安。

這小孩極力想使自己安靜，但是他不能夠，所以他連半分鐘也不能安靜。

那父親並無對兒童表示殘忍的意思。他因爲有客人在家中，才想使他安靜，也許他想對客人表示他是個要使兒童行爲端正的父親，他要訓練兒童的服從性，自然他表現他做父親的管束權，完全是不知不覺的。在表現的時候，他便得到了很大的滿足。

他似乎不知道不能完全阻止兒童底活動。任何人對兒童所能做的事情，只有從新指導他。因爲阻止他做這一件事，他自然便立刻去做另一件事。他要不斷地動作。有了活動，兒童才能生長，學習，得到基本教育和養成良好的人格。

修正一句陳腐的格言

「莫說不做，要說做」。你聽到這樣的格言，定不止一次，總有許多次了。從字面上講，這句話再壞沒有了，因爲兒童倔強是不可免的事，對兒童尤其是對年幼的兒童，說「莫說做，說不做」，還要有效些。一條實際的法則是：『不要對三四歲以下的兒童說「做」，卽使以後說也以少說爲妙，要暗示他「做」，使他喜歡做。假若不能立刻引誘兒童去「做」，就不要對任何兒童說「不要做」』。

「安靜些」

當我執筆寫這一節的時候，有二十個自五歲至十歲的兒童，正在我旁邊很高興地做一種遊戲，他們底聲音有時很高很明顯地是彼此意見不一致。這才是很好的，驚奇的，實際的教育！他們除了在野外和日光中運動得到快樂之外，還學習彼此相處，準備一些人生更嚴肅的事情。

他們並未打擾我，因為我覺得他們應當那樣喧囂。他們這樣實在是有助於我寫作。沒有喧囂，便沒有玩笑；沒有喧囂便很少快樂，沒有喧囂，就沒有教育。

沒有方法能永久使兒童安靜。是的，你可以喊他們進來，把他們關在房間裏，但這樣，他們立刻就要煩惱、發怒、倔強、哀啼。難道你我不喜歡聽的歡樂聲音縱然有時帶點爭吵的聲音，而反喜歡聽哭聲和怨聲嗎？

母親有時也許用怨聲、惡聲和哀聲說：「你們這般兒童，這樣喧囂，令我頭痛」。當父親燃起烟斗，兩隻脚架好了，把一本雜誌或書對着臉閱讀的時候，他便命令兒童道：「不要做聲，我們看書了」

但是街坊附近有各種車輛尖銳的喧囂聲；它們很不會使母親頭痛或妨礙父親看書，雖然它們終日不斷地喧囂，比兒童底任何喧囂聲還利害些。爸爸和母親料到街上交通往來一定很喧囂，但他們沒有機會去責罵任何人。他們對於這種喧囂聲只有裝聾不聽見。

但是我們底兒童呢！他們是與街上的車輛不同的，他們是我們底兒童。所以他們應當顧及我們，他們不應當喧鬧。他們如果喧鬧，我們便頭痛，我們讀書，便受了妨礙。

自然當他們在室內游戲危害他們自身和傢具時，我們便有理由，要擔心他們。這種危害，我們可以很容易防止它，只要使他們明瞭到外面去游玩，可以使他們自身和傢具比較安全就行了。不過他們喧鬧的聲音卻不會破壞傢具又不會震掉牆上的灰泥又不會弄破手臂打斷腿或傷害眼睛。

合理的潛移默化

當兒童說話嘈雜時，爲什麼我們要自己感覺很不方便呢！因爲我們認爲他們不應當嘈雜。假若家中或鄰家有一個人病得很厲害，那末我們對這病人和我們底兒童，就負有責任——要使兒童在遊戲時訓練合理而安詳的聲調。又常常教兒童知道顧及別人底，甚至我們自己的感情和福利，對於兒童是有益的。不過，我們對於別人底感情和福利，也許漠不關心而只知自私自利。

大約父母做的最愚蠢的事，就是對兒童吶喊，叫他安靜。如果我們要兒童說話把聲音降低些，我們自己說話就要低聲而溫和，使他們在不知不覺中模仿我們。自然，往往一個五歲左右的兒童，會感覺到一宗要粗聲地自由叫喊。他很少時候是不叫喊的。這種叫喊，對於他是何等地舒暢呀！

「不要打擾他」

「媽鉛筆生在樹上嗎」—？一個四歲的兒童這樣問。「不要打擾我」，他母親粗聲地回答。但她爲什麼不告訴他呢？她並不是在忙着做事，她正坐在電車裏靠着他。她又不是在讀書。就我所知，她確實僅是坐在那兒。她可以趁這機會增加自己的快樂和那兒童底快樂；長進自己的教育和他底教育。但她並不曾利用這種良好的機會反而因他這號懲的問題使自己煩惱，又使他煩惱。她剝奪了他學習的機會和表現自我的機會，又剝奪了他們母子之間的情誼。

假設她在忙着縫洋裝補襪子，或玩紙牌，那末她可用她底頭腦向他作有禮貌的回答，而她底手仍能做她底事。

假設她正在讀書彈鋼琴，或打電話，那末，她當時只要說一句話或做一個姿勢便很容易地表示她立刻就要回答他底問題。然後她倘若不怕麻煩願意對他很和藹地說她即刻要回答他底問題，那末縱然他一時去注意別的事情去了，但他不久會知道他所問的每一個問題，都是受歡迎的。

但我們往往對兒童所問的問題沒有回答。我們這般驕傲而自負的父母見兒童發問，便現出煩惱的態度，或粗魯地對他說：「不要打擾我」。

父母底弱點和抑制

一種健全的人格，是自由表現其自身，而不抑制別人底人格的。許多作家都有這種印象：兒童抑制自己，是因爲成人，尤其是父母，用權力壓迫他們所致。促成兒童抑制自己，是父母企圖教兒童自制的緣故，而不是由於兒童用一種不禁止的行爲代替一種禁止的行爲，以使父母滿意，所產生的影響。父母若能重新指導兒童，兒童底抑制的情緒便不得爆發。不過父母底缺乏技巧和他們底人性的弱點，往有礙於此種重新指導。這兩種妨礙如除去了，那末，便可培養兒童必須的自制，而無損於他們底人格和精神健康。如以前說過的種種老早禁戒兒童的方法，對於妨止抑制，是很重要的。

情緒的平衡之生理的基礎

兒童底生理健康是最重要的。營養不良，疲倦，呼吸困難，及腺狀和消化發生阻礙等，表現於行爲方面最明顯的證據，是缺乏平衡的態度。缺乏平衡的態度，通常便增加情緒的不穩定，而情緒不穩定的表現就是爭吵，啼哭，哀叫，倔強和暴怒。兒童任何明顯的情緒的不穩定，便暗示父母要請很好的醫生替他檢查。自然，兒童如有合理的限制，有良好的日常習慣，又有合作的精神，他卽使感受生理失常的煩惱，而態度總是平衡的。不過，倘若他生理上的缺陷老是不能除去，那他底良好習慣一定會毀壞的。

兒童生理上的毛病如被治愈，而那牽連缺乏情緒自制的種種壞習慣仍會繼續保持；此種壞習慣能幫助引起兒童底神經過敏。任何惡劣行爲，不論其原因如何，也許在它底原因消失之後好久，還不能改掉。這種事實常被精神病理家所忽視。凡是一種人格問題，沒有不牽涉種種習慣的，而其治療也沒有不在某種形式之下，將那些習慣由其他習慣所代替。然而不趕快除去任何造成不良習慣的明顯的原因，便是最愚蠢的事。

進學校頭幾天的神經緊張

許多兒童，初進學校，情緒上容易感覺不安。因為新的刺激和那為適應而生的新的需要，都隨着新的經驗而來了。有些神經易感和感情緊張的兒童，精神都很興奮。許多這樣的兒童在家中愈過愈不安定，而發生神經過敏的現象。有些容易啼哭和哀叫；有些有倔強的態度，有些會發脾氣；有些會在遊戲場上吵嘴；有些越長越不樂觀，越少笑容，越缺少合作的精神。

有些進學校的兒童，上床不能立刻就入睡，因為過於疲倦而不能入睡，又過於興奮了。有些兒童雖然睡了，可是睡得不酣熟，而且會為夢所擾，甚至夜裏恐懼。因此新的飲食問題便會發生，而消化也會不良。有些兒童初進學校，就會體重減輕。偶爾有的兒童也許會發生以上所述一切的病象。自然，別的兒童因受學校管理，就得了益處，他們長得比較安靜和健康。學校裏的好處和壞處，對於年幼兒童有無限的影響。一切兒童，於學校開學之日，在生理方面和情緒方面，都現出顯著的改變。

我們做父母的能幫助兒童什麼

如果我們做父母的是聰明的，那麽，當兒童初進學校的幾個星期，我們就要小心地觀察他。若是他行爲改變得不好，我們就要格外仔細地注意他。我們要醫生替他檢查。在檢查的時候，我們就可斷定兒童，尤其是年幼的兒童底任何情緒的失常，都是由於疲倦和神經緊張所致。他也許睡慣了午覺。他也許現在早晨起得早一點，晚上睡得遲一點。在這種情形之下，我們要他下午放學回來到房裏休息一點鐘，盡量地把身體舒展一下，晚飯前也喊他休息一刻鐘或二十分鐘。倘使他吃飯很快，無論他多早就吃完了，我們要他仍在桌旁坐些時候，假設坐二十分鐘。若是他體重減輕，那麽吃牛奶便可恢復原狀。

我們要減少家中的一切不必須的嘈雜聲和混亂聲，使日常事務變簡單些。在兒童面前，要避免煩惱和不安的暗示。

你如果還要教兒童學音樂和跳舞，那末，暫時不要教，過幾個星期以後再教。若是他底神經過敏的病象沒有好，那就要繼續延遲下去。即使一個生理上顯然是健康的兒童，你也不要叫他做長時間的工作或分外的事務。你先要使兒童健康和快樂，然後再對他做一切很好的事情。

許多良好的兒童，在未成年以前，因爲除了做學校的程度很高的功課之外，還盡力地做許多分外的事情，便變成老人了。有些兒童被憂慮、煩惱和疲勞所摧毀，還有些兒童，恨憤壓迫，便發生神經過敏，極力逃避那加之於他們身上的責任——如練習音樂一類的事情。

甚至最悲觀的精神衛生學家，都不知道父母因強迫兒童練習鋼琴，以致使兒童底人格和神經受多大的損傷。如果但丁(Dante)再活到世界上來，把他神曲中的地獄(Inferno)再加上一幕，那末這一幕也許是一個哭泣而神經過敏的孩子在練習鋼琴而他父母在扮演魔鬼。倘若把這一幕編成有聲電影，那一定是表現兒童在練習鋼琴以前和在練習鋼琴時，與父母發生苦戰。

雖說精通音樂有益於兒童底人格，但許多兒童在學習音樂時，神經感覺痛苦，這是對他們有害的，而父母又往往要觸怒他們。

一個家庭的音樂計畫

我以為如果可能的話，一切兒童都應當在六七歲時學彈鋼琴，每星期教他們一些關於彈鋼琴的短短的功課，頭一兩年不要教他們在家中練習，以後每年漸漸地教他們在家中練習，又不管他們願意不願意，他們應當把它當作當然的事看待。

若是幾年以後，他們討厭鋼琴練習，那就可以放棄它。不過為求得培養健全人格的一種最好方法，他們至少應當有一個練習的機會。

一個小學生自己並未決定他到底要不要學習算術。為甚麼他應當注意音樂呢？他如在家中練習音樂，你就要他每天按照時鐘規定的鐘點練習，不要破例。練習時間的不確定也許會引起一切麻煩，有些兒童老早就有音樂的嗜好，他們開始學習時，可以當常作短時的訓練，而且要早點在家中練習。他們每天在家中練習一兩次，每次練習一個半鐘點，這也許對他們很能得益。不過任何兒童坐着練習一點鐘，是否能得益處，倘是疑問，也許連成人還不能得益處咧。

一般有音樂天才的兒童，也許會忽視學校裏的某幾種正課，甚至只到學校去一個時候；但是，假若一個兒童每天在家中能花半個多鐘點練習音樂，又能照學校指定的功課做去，（尤其是在有家庭作業的時候）那這種兒童是很少見的。幸而有些公立學校，把音樂當作正式課程的一部分。現在學校組織音樂合奏團，引起兒童去學習音樂，這也是現代教育底一種最難得的貢獻。

自願加重負擔的兒童

但是有些小學年齡的兒童，自願加重負擔，他們除學習音樂之外，還有跳舞藝術和表現技能的功課。這些東西本身也許是有價值的，即使兒童能夠欣賞它們，也還需要花費精力並占去休閑的時間，以及與別的兒童在一塊遊玩的時間。一種引起興奮和疲勞的活動，不必就會令人討厭。有些兒童之神經過敏，是因爲成功的刺激太大和做事得到了滿足。六歲的勒繆爾常常夜裏驚醒；他底日間工作計畫一經研究，便發現他夜裏驚醒，是因爲日間活動太利害和情緒太興奮的結果，無論他日間和別的兒童玩得很快樂或和他們爭吵了許多次。對於九歲的道羅爾斯，也做過這樣相同的一種觀念。一般流行的意見，以爲激烈的活動會引起睡眠。喜爾門（Mandel Sherman）博士，在華盛頓兒童研究所工作，他仔細研究育嬰學校的兒童之後，發現上午安靜遊戲的兒童比激烈遊戲的兒童在下午睡覺要睡得好些。

疲勞和神經

兒童和成人一樣，神經常常容易緊張。不僅感情疲勞是很危險的，而且因精神與循和生理失調的疲勞也是很危險的。通常年幼的兒童在最疲倦的時候最喜活動。父母往往忽視了這件事實，以致不能保護他，然而他們很知道他在下午容易發怒，不與別人合作，喜歡爭吵。即使父母也難應付他。許多父母和兒童一樣，需要午睡。很少父母在晚上能以身作則地增進兒童良好的人格。

我們學笑的時候

爲兒童起見，我們和他們一樣，需要更多的舒暢，而培養一種幽默的意味，便能幫助我們舒暢。讓我們常把所見所聞的有趣的事情告訴別人，而學習嘲笑我們自己的愚昧和弱點。兒童避免父母對他不必需的煩惱的最好方法，就是他自己能夠欣賞幽默的快樂。此外，利用「幽默才能」所獲得之舒暢，對於人格亦是一種供獻。青年只要能說聰明的笑話，能很巧妙地敘述許多有趣的故事，一定會有一些聽者稱讚他。他不必怕不知道說什麼是好。此種說話的技巧是能學得到的，因爲我們能夠培養我們說話的技巧和我們兒童說話的技巧。

最需要睡眠的兒童

通常兒童愈興奮愈活動，便愈需要睡眠，但他愈不願立刻去睡覺，睡覺對於他幸福的影響便愈大，我們常常聽到做母親的說：「我底兒童很活潑，他似乎不像別的兒童需要那許多睡眠」。這是她欺自己的話。他正是那種睡眠愈多愈能得益的兒童。他父母要負責限制他活動，因此他才不致過度興奮才會養成按照規定鐘點睡覺的習慣，年幼的兒童，不知道在甚麼時候應當睡覺。凡是想培養兒童良好人格的父母，對於兒童醒着的時間，要嚴格負責，不使其太長，又不使其緊張，並且要知道如何把這種計畫在兒童全部學校生活裏面實現出來，而不致引起他很大的反感。如果父母所定的這種計畫的標準，不是急就而成的，又如果他們實現這種計畫時得到了兒童底合作同情和信仰，那末年長兒童在未入學校以前，便已建立實現這種計畫的成功的榜樣了。

夜裏驚恐

現在再來討論「夜裏驚恐」。「夜裏驚恐」也許是受了某種驚嚇或一種厲害的情緒上的打擊而發生的。「夜裏驚恐」在兒童未入學校以前是常有的事，這種現象，也許到了成年時期還不能去掉。它一旦發生了，日間的神經緊張或生理上的妨害，就格外使它發作得利害。防止它的時間，要在白天。它也許毫無原因，在有些情形之下，卻變成了習慣，譬如十二歲的勞倫斯底例案，便是一個證明。勞倫斯底母親是個異常聰明的婦人，她說勞倫斯第一次夜裏驚恐，是在五歲的時候，五歲以前他沒有明顯地表示過害怕黑暗。有一次當他睡覺以前的一會功夫，她要他從臥室裏去到一個黑暗的房中傳遞口信。那時到他家來拜訪的祖母把她兩隻手舉起來，驚訝地對他母親說「你要這小孩到黑暗地方去嗎」？因此這兒童便發生了猛烈的情緒恐懼，半個多鐘頭都沒有能夠使他安心。他母親說：「那天夜裏，他睡後一小時，便很害怕地叫起來。我走到他床前喚醒他，鼓勵他不要害怕，他才沒有叫了。自此以後，每天夜裏他睡後，在這同樣的時候，都有這同樣的經驗；而每次一定要我去安慰他；別人是不成功的。於是這幾年來，每天夜裏，我從未曾離開過他」。她又說：「他是一個神經過敏的兒童」。

只有她能安慰他，這是很值得注意的事。他如完全依賴她，他底恐懼便格外會根深蒂固。現在的問題，是要換一個別人去安慰他。後來我們發現他五歲的妹妹睡在他臥室的角上。他母親依照作者底忠告，暗中用了一個計策，把他妹妹底床放在他床底旁邊，使他夜裏驚恐的時候，可以摸到他妹妹底手；使他在地板上劃出一條一吋距離的線，兩個床相隔一吋遠，每天晚上把她底床移到這劃線的地方來。她照這計策做了，便發生了效力。過了五夜之後，那孩子自己說他可以一個人睡了，要把他妹妹底床移回原來的地方去。後來許多時候，他夜裏仍會驚醒，但是用一根鏈子拴在他床面前，他藉鏈子把燈扭開，便可以一個人到廁所裏去，又可以一個人回到床上來。一年以後這孩子便一個人睡在他家的三層樓上，以爲不要別人作伴而覺得驕傲。

年幼兒童底母親們：你們不要使兒童不能離開你們。兒童夜裏驚恐，要讓家中別的人去安慰他，不要常常一定叫誰去安慰他。縱然他底眼睛睜得有兔子底那麼大，他也許沒有醒。用一塊溼海綿或溼布放在他臉上或手上，他便會醒。請醫生替他檢查一下，日間要保護他底神經，不使其興奮過度，那繼續在兒童時期還發現的夜裏驚恐，不一定對於人格是有妨害的。

「好哭的嬰兒」

品性沒有變壞的嬰兒，有好的日常習慣，營養很好，身體很健康，他是不常哭的。受了傷害的兒童，卻常常哭，在大多數兒童不常哭了的年齡，他還常常哭。那些五歲以上的兒童，受了傷，或做事沒有如願，便在別人面前哭，他們，在別的兒童看來，是討厭的。一個學齡兒童還有比他在同伴面前哭泣更糟糕的嗎？他年齡愈大，哭起來便愈可笑。在遊戲場上不能與別的兒童競爭的兒童，在發怒的時候便哭起來，這是最可憐的事。他因被人嘲笑，所以於羞恥、恐懼和憤怒中，別人格外使他哭得兒些

父母看見年長的兒童哭泣，最覺煩惱，他們責罵他，羞恥他，告訴他，他不可再像嬰兒一樣了。他們用這種態度對待他，叫他格外哭得利害，使他想起他不能如他所希望地長得那麼大。總之，羞恥，責罵，懲罰，都沒有益處；反有妨礙。稱讚他用自制和勇敢所做成的特殊事情，卻很有益處。只要他養

成了習慣，常時和許多別的兒童接觸，那便能得到很好的結果。甚至神經不健全的兒童，在適當的指導之下，也可使他養成平衡的態度。

兒童年齡大了還哭泣，便是一種不良的習慣，這也許是受了神經緊張的影響，甚至是由於神經緊張而保持着。八歲的卡斯特爾因稍有不如意的事，便哭泣，所以常被父母責駡。後來一經醫生檢查，才發現他神經很不健全，於是醫生叫他在整個暑假期間每天午睡兩小時。他依照這方法實行了幾個星期之後，便顯出自制的精神；追到秋天，他就變成個快樂可愛的孩子了。像這種神經不健全的兒童通常哭起來總是心有所感，眼淚很多，而不放出很大的哭聲，即使他自己想不哭了也抑制不住。

咬指甲

兒童發生咬指甲的習慣，無疑地，是因爲神經不健全的緣故。父母若極力使他改正這種習慣，反而愈壞，他們越要改正它，它便越改不掉。改正的第一步，就是母親要訓練自己不可責駡兒童咬指甲，甚至要好像沒看見這回事一樣，又不可引起他情緒的衝突，而要使他神經安靜。不過，這樣的一種計畫，是需要長久的忍耐力才行。雖然實行很慢，可是功效很大。把這種計畫應用於一個年長的兒童，是可以得到他底合作的，尤其當他喜歡把指甲弄得很光滑和可愛的時候。一個八歲或十歲的女孩，到修理指甲匠那裏去修幾次指甲，對於糾正咬指甲的惡習，也有很神奇的效驗。總之，咬指甲是否傷害人格，則以改正它所引起的無謂煩惱的程度以爲斷。

吸大拇指

吸大拇指，在嬰兒餓餓和生牙齒的時候，是一種很自然的活動。如果父母不以此爲慮，不引起嬰兒底反感這種活動，便不致越變越利害。聰明的母親，絕不阻止嬰兒把手放在嘴裏，或責駡他吸大拇指。即使她要干涉他，也只輕輕地把他底手從嘴裏拿出，而不使他知道她底用意，把玩具放到他手裏。因爲嬰兒吸大拇指，大半在睡的前後，所以我們用一個睡袋（sleeping-bag）放在他頸項旁邊，使她感到很舒適，而又有空餘的地方，可以給他四肢隨意動作，這樣便可以阻止她不吸大拇指。假若嬰兒沒有情緒的煩惱，而父母幫助他過一種安靜的生活，那麼，即使他吸大拇指的習慣已有八個月了，仍可以用上述的辦法糾正他。有時碰到固執的嬰兒，應用這種辦法，雖經過幾個月了，還不能糾正他，那就要應用下面的一種簡單方法才行。這簡單的方法就是用一個紙筒；放在他肘上，使他底手能夠自由活動，而不致碰到他底嘴。這種方法，一經採用，就要確實執行到底，不可中途停止。

因相信作者底忠告，八歲的安拉伯爾被她母親利用下面的方法，使她改掉了吸大拇指的習慣。那方法是：

安拉伯爾底母親允許安拉伯爾，說她和家中一切別的人，除非在每天下午五點鐘到五點鐘一刻的時間之外，平常決不脫安拉伯爾吸大拇指，甚至不注意她吸大拇指。如果她每天在那時間，能夠不吸大拇指，她母親就獎賞她一個星章；如果她沒有改正這種習慣，就一句話也不說。她若能得了五次星章之後，她母親便獎賞她一個金製的星章，又她如能獲得金獎章，連她久已希望的一件東西也送給她。後來又將規定的時間重新劃分，且將獎品提高，果然在一段很長的時間內也能成功；最後安拉伯爾快樂而自動地說她不再吸大拇指了，她並能照她自己的話去實行，因此大大地增加家庭的快樂。

九歲的尼柯拉斯底毛病是如何醫治的

作者底一個學生，在班上討論關於兒童吸大拇指的問題之後，她便想出一個計畫改正她九歲的尼柯拉斯吸大拇指的習慣。她底計畫是經過種種失敗和成功的。她這樣寫信告訴作者說：

「頭兩個星期，全家的人，都不對尼柯拉斯說她吸大拇指的習慣。（我們不常他底面，卻會說她這種習慣）我決不責罵她，如果責罵她，我每次就罰五分錢，（我把這意思告訴了她）兩星期之內，我受罰三次，三次所罰的錢，都給了她。後來我做了一張圖表，把她不吸大拇指的次數都記在上面並許她一些星章作獎品，爲獎勵她自上午七點半鐘至八點四十五分鐘不吸大拇指，她得了一個星章；三星期之內，她得了五個獎章，還有一個值二角五分錢的獎品。

「以後兩個星期，她沒有得到獎章，於是我很失望，但不對她提及那張圖表和她吸大拇指的習慣。忽然有一天晚上她問我，現在再實行那個計畫是否太遲了。我答道，不嫌遲，於是她請求我再給她一些時間去實行。所以我們決定早晨實行的時間，而晚上的時間，則自六點至八點。這樣一來，她便得了十個獎章和兩次獎品。以後早晚任何時候她都沒有那種習慣了。並且她又得到五個獎章和一次獎品。得過五次獎品之後我便給她得一次大獎。

「這時尼柯拉斯對我說：『我想現在可以把那張圖表拿掉了。我不會再吸大拇指了，我不願不吸大拇指而得獎賞』。我聽了她這樣說，便極力稱讚她，而且說我很願送她一種適當的東西。這天正是正月十號。她請我這時不要送她東西，等二月一號再送，又說她下過決心之後，再不會說話不算數的。二月一號我送了她一本叢書，後來她要我再買一本這樣的叢書送她，居然給她得到了這本叢書

「家中其餘的人，都不對她提及她所做的事情，但大家一齊非常尊重她。她們在她背後，稱讚她能克服她底習慣，同時並稱讚那所採用的方法。在我們大家看來這是一種多麼大的改變」。

痙攣的習慣

用上述同樣的原則，能防止和改正兒童痙攣的習慣，如做歪臉，嘴上抽筋，咬嘴唇，和上唇伸長。不過這，要母親去做，尤其是要缺乏冷靜態度的母親去做，卻不容易。最壞的，是那有才能的母親很激厲地形容她十一歲的孩子底痙攣的習慣，如擠眼及做歪臉，因聽別人底勸告，把他送到專門醫

師前去檢査；若別人問她，便答道：「我已經把他送到兩個最有名的神經病專家那裏去檢査過」。

「他們怎麼說呢」？

「他們叫我不要注意他底毛病」，她答道。

「爲甚麼你不信他們底勸告呢」？」

「啊，不過因爲他那毛病多難看」。

遺尿在床上

這裏有一封信，可做我常常接到的信的例子，我把回信也寫在下面。

「我底十二歲的孩子每夜仍遺尿在床上，有甚麼方法能夠醫治他嗎？九年前，醫生告訴我，說他長大些就自然不會有這種毛病了，但他到現在，仍沒除去這種毛病」。

回信：第一，做母親的你要把這問題從實際方面去着想，你底孩子遺尿在床上，除了你和照應他房間的人感覺不方便以外，沒有人再比他自己憂慮這件事了。大半的成人見兒童遺尿在床上，便責罵他和羞辱他；而兒童底父母所顧慮的，只是怕朋友們說話，卻不顧及兒童底幸福和舒適。

現今社會上，有許多很負身望的人，在三四歲的時候，常常遺尿在床上，簡直是睡在尿中過夜；他們當中，有的進了學校好久，還遺尿在床上，有的在青年時期，還遺尿在床上，偶爾還有直到現在仍遺尿在床上的。我們要把「遺尿在床上」看做一種「不方便」，而不要把它看做怎麼重大的一回事。又我們對於別人談論我們兒童遺尿在床上，以及說他有幼稚病和傷害他人格的話，都不要管它，不必以此爲慮。傷害兒童人格的，並不是「遺尿在床上」，而是愚蠢的成人，使他不安屈辱他和引起他的羞恥。如果成人和別的兒童，對於那遺尿在床上的兒童不引起他們的情緒紛擾他老早就不會有這種毛病了。

你一發現兒童有遺尿的毛病，自然就會把他送給醫生去檢查，醫生會告訴你關於他底飲食，生理現象和生理上的改正，又會告訴你使他避免疲勞和過度興奮，以及使他養成有規則的習慣，是如何重要。

一旦一切生理的因素都注意到了，那末其次最重要的事，就是要使兒童知道遺尿在床上，並不羞恥，而且你會盡力向他表同情和幫助他。你要替他預備一塊橡皮墊子放在床上，告訴他，如果他偶爾遺出尿來，可以不必煩惱！因你一點不會驚異，或責備他和煩惱他的。

你要給他一個鬧鐘，使他睡時放在床前，這樣鬧鐘便會常常喚醒他使他起床小便，不致遺尿把被條弄溼。當他開始實行這計畫的時候，你就要注意看鬧鐘一響，他醒了沒有，只要他一朝養成了這知道醒來起床的習慣，那末問題便解決了。這孩子得了成功，比做國王還驕傲些。

學齡以下的兒童，也許給鬧鐘鬧不醒，但他們底父母卻能夠鬧得醒，父母一鬧醒了，就可以喚醒兒童。兒童偶爾遺尿在床上，通常是因爲日間太疲勞了，或太興奮了；那些曾經在床上遺尿而後來不遺了的兒童，有時又會遺起來，我們對於偶爾遺尿在床上的兒童，應當很細心地對待他。我們要替他在床上的麻布被底下放一塊橡皮墊子，使他感到很舒服和很安適。

無論遇到甚麼事情，不要責駡，羞恥，或嘲笑遺尿在床上的兒童；只把「遺尿」當作一種不方便的習慣，而去幫助他改正它。

遺尿在衣服上

對於兒童遺尿在衣服上，也要用上述同樣的方法去處理它。學齡兒童，因小便來不及，便把衣服弄溼了；不管他弄溼了多少，他底同伴一看見，就會討厭他，嘲笑他，並避免和他往來——這種對他的懲罰，於他改正這種習慣，並無幫助。通常這種習慣的發生，總在兒童未達入學年齡以前，那時他也許貪玩心重，忘記在應當小便的時候去上毛厠了。"你要按照鐘點，每隔很短時候，送他去上一次廁所，這樣才不至於使他將衣服弄溼。"甚至當他達到入學年齡的時候，這種計畫，在家中實行，仍能成功。我們對於這種問題，也像對於兒童其它生理上失常態的問題一樣，要用一種成功的方法做指導，要腦中記得那免除妨礙兒童良好人格發展的最好方法，又要知道這種妨礙往往是引起更大和更複雜問題的象徵。

嬰兒上廁所的習慣

對於嬰兒大小便問題，我們要研究他大腸和膀胱運動，是否通暢，並要在他大小便時，給他一個小馬桶，使他解手感到舒服，切莫使他感到不舒服，至於講到兒童撒尿把衣服弄溼了，我們應當使他在夜間小便習慣未養成以前，先養成白天良好的小便習慣。這兩種習慣，在兒童初生幾個月的時候，就可培養成功；但照一般的情形看來，這種方法，會引起兒童和父母發生煩惱。無論甚麼時候，我們想嚴格的培養兒童這種習慣，那就應當使他培養成功，若是他沒有上毛廁以致撒了尿在身上，我們不應當引起他情緒的痛苦，否則便會妨礙他迅速地改良這種習慣，甚至使他在達到入學年齡之後許久，還不能改正這種習慣。也許這種最悲慘的情緒苦惱，會使一個兩歲或四歲的兒童，雖然受了幾個月很好的訓練，還會引起他種種原有的壞習慣，因爲知道忍耐便會成功，所以對於兒童大小便的習慣，最聰明的辦法，就是一次使他不能改良，再來第二次。

有的母親把嬰兒放在便壺裏小便，嬰兒卻不小便，等到她剛替他把尿布兜好，他便撒尿在尿布上了，於是她就發怒。這並不是他執拗，定要把尿撒在尿布上，實在是因爲他老在尿布上撒尿撒慣了，所以這時便自動地撒在尿布上了。你雖然責備他，甚至罵他，或給他不好的臉色看，都與養成他上廁所的良好習慣和改正他不好的習慣，完全沒有關係。

煩惱和不安

一切兒童，甚至蹣跚學步的兒童，都有種種隨神經不健全而增加的煩惱。兒童年齡愈小，煩惱愈不固定，而愈容易消除——因他會利用經驗消除煩惱，而成人知道他煩惱，又會使他消除煩惱。

假定別的一切條件都相等了，那末，一個兒童愈健全，愈知道自制，對家庭愈感覺安適，愈少恐懼，愈能適應他整個的環境，便愈少煩惱。我們如能培養他健全的體格，和自制的精神，使他對家庭感到安適……等，那才能幫助他免除煩惱。我們若教他不煩惱，告訴他，他沒有事要煩惱，或說祂不應當這樣煩惱，這都是無用的，等於自說了。我們要他先把他底煩惱告訴我們，假使他知道我們確實關心他又知道我們不會笑他或使他感覺羞恥和被人嘲笑，那他才會將他底煩惱告訴我們。但我們不應當使他想像他自己是一個烈士；（雖然他在我們面前是何等渺小）——這位烈士在他的幻想中誇大他的煩惱而當他把煩惱敍述出來寬解心胸的時候，又發生自憐自愛之感。

靑年自殺

你常常可以在報上見到一個中學或大學裏發生自殺的案件。正在你左右鄰近的地方或一般學校和你兒子女兒所進的大學裏近年或近幾個月以來也許曾經發生過這樣自殺的悲劇。

你如去研究一般自殺靑年底家庭狀況和他們一般的性格，便不會發現下列種種的情形：健全的體格，良好的自制習慣，很少的情緒衝突，工作和娛樂的好習慣，在家中有責任心，養成日常規律的習慣不要督責而知道預算金錢和時間，快樂而和氣的家庭，家中各個分子都感到安適，對同年紀的人和男女兩性發生同樣的興趣，大家在一塊意氣相投，作事和應付學校功課得能成功和一種經過選擇的良好職業。

幫助鬱悶的青年

假若你發現青年常常沮喪，不笑，不找朋友來往，對父母很冷淡，工作和游戲感覺不快樂，對一切活動不發生興趣，沒有精力和希望，那你最好研究他這種種問題的原因，極力和他發生密切的友誼，鼓勵他多和別人接觸，幫助他多享成功之樂，使他多感覺自己滿意，而又多得別人底稱許。你要向露營指導員，俱樂部指導員，娛樂專家，以及別的健全的成年人請教，因爲這些成年人對於青年男女很有興趣，而且能投其所好。

在你向這般人請教之後，你底醫師應當給你一種很好的忠告。在有些情形之下，一個精神病學者或心理學者和你合作，便能幫助青年把精神上的毛病醫好，使他延長壽命。

中華民國三十三年十一月初版
中華民國三十六年九月滬三版

兒童人格之培養

全一冊　定價國幣五元一角
（外埠酌加運費匯費）

著者　G. C. Myers
譯者　譚文山
發行人　吳秉常
印刷所　正中書局
發行所　正中書局

(1892)

本( )(國)　1,5/2